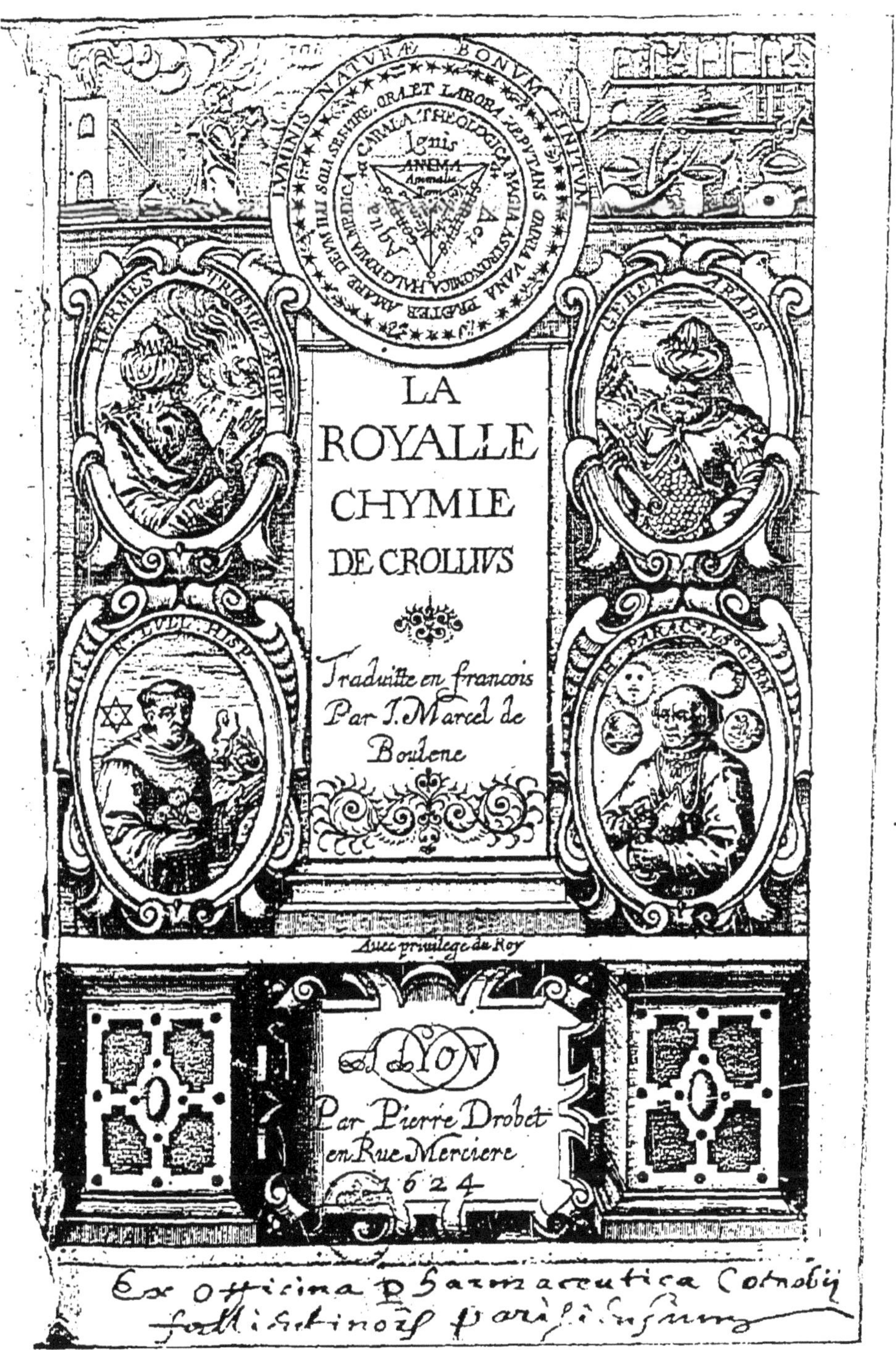
LVMINIS NATVRÆ BONVM FINITVM
ORA ET LABORA
Ignis
ANIMA
HERMES
GEBER ARABS
LA
ROYALLE
CHYMIE
DE CROLLIVS
Traduitte en francois
Par I. Marcel de
Boulene
Auec priuilege du Roy
A LYON
Par Pierre Drobet
en Rue Merciere
1624
Ex officina Pharmaceutica Coenobij

A TRES-ILLVSTRE
& tres-vertueuſe Dame
MADAME
MARIE DE LEVI DE VANTADOVR
Abbeſſe du Monaſtere Royal de S. Pierre de Lyon.

M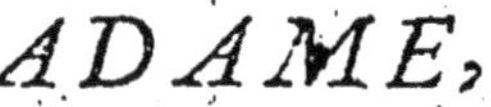*ADAME,*

Ce n'eſt pas de noſtre temps ſeulement que la renommée de voſtre maiſon à ſerui d'aſyle à ceux qui de bon cœur luy ont voué la ſincerité de leurs affe-

ctions ; dequoy aduerti ce pauure estranger, il s'est resolū de se mettre sous labry d'icelle, vous choisissant particulierement sur tous les vostres pour son vray phare : asseuré que vostre authorité le garantira de la langue des Aristarques, enuieux pour l'ordinaire de la prosperité d'autruy: soyez sa tutrice, Madame, puis que vostre seule consideration l'a faict venir en France, ce que vous cognoistrez à l'instant, s'il vous plaict de prendre garde à son intention, laquelle n'est autre que de seruir au public, & principalement aux pauures que vous fauorisez autant que personne de vostre condition : veu mesme que pour le chef d'iceux vous auez volontairement quitté toutes les pretentions des tiltres que vous pouuiez

legiti

legitimement posseder au monde : le plus precieux present que nos peres faisoient à Dieu en la primitiue Eglise, c'estoit l'offrande des premiers nais de leurs enfans. Madame, cestuy-cy que ie vous desdie est mon vnique, il vous donne ses bras encor tendrelets, vous coniurãt le receuoir de bon cœur, auec protestation qu'il ne respirera iamais que par vous, s'il vous est agreable, & que le Ciel me fauorise de tant que de pouuoir mettre au iour quelque chose digne de vous, ie vous asseure de iamais n'auoir autre temple pour mes vœux que vous, auec asseurance que i'auray l'honneur de me qualifier toute ma vie,

MADAME,

Vostre tres-humble & tres-obeissant seruiteur.

L. MARCEL.

AV SIEVR MARCEL sur son Liure.

QVATRAIN.

Qviconque lit l'Autheur ne le peut pas entendre,
Estant en ses secrets & mystique & obscur:
Mais ie loüe Marcel, d'autant que de bon cœur,
L'a par son sain discours facille voulu rendre.

A. GAVDIN.

AMANTISSIMO COLENDISSIMOQVE amico Ioanni Marcello.

EPIGRAMMA.

CRollius hæc nobis doctè medicamina traxit:
At labor est fallax cùm via certa latet:
Te Marcelle viam nobis donasse fatemur
Certam : qua cunctis viuere posse datur.
Viue diu, nostras tandem Marcelle per auras,
Æger cum cunctus te pereunte perit.

V. Royerius.

AV SIEVR MARCEL sur sa Traduction.

STANCES.

CRollius par son docte liure,
Nous fit voir son subtil esprit:
Toy Marcel, par ton clair escrit,
Par dessus tous l'as voulu suiure:

Que dis-je suiure; ses figures
Estoient trop obscures à tous:
Mais toy pour obuier ces coups,
Nous as esclaircy ses mesures.

Crolle est inuenteur, mais l'ouurage
Couuert des Enigmes obscurs,
Faict mespriser tous les autheurs,
Qui n'esclaircissent leur langage.

Quant à toy, qui es l'interprete
De ce thresor si precieux,
Puisses-tu butiner les Cieux:
Voyla l'heur que ie te souhaitte.

I. BLANCHETESTE Chirurg.

Priuilege du Roy.

LOYS par la grace de Dieu, Roy de France, & de Nauarre. A nos Amez & feaux Conseillers, les gens tenants nos Cours de Parlements, Baillifs, Seneschaux, Preuosts, leurs Lieutenants, & tous nos Iusticiers & Officiers qu'il appartiendra, SALVT. Nostre bien amé Pierre Drobet Libraire en nostre ville de Lyon, nous a fait remonstrer qu'il auroit recouuert vn liure intitulé *Osualdi Crolly Basilica Cirymica*, lequel liure auroit fait traduire en François, intitulé *La Royalle Chymie de Crollius, traduitte par Iean Marcel*. Que ledit exposant voudroit volontiers imprimer pour l'vtilité & contentement de nos subjects: Mais il craint que quelqu'autre ne le voulust imprimer ou faire imprimer apres qu'il aura fait beaucoup de despence pour laditte traduction & impression, s'il n'auoit sur ce nos lettres de Priuilege & Permission à ce necessaires. A CES CAVSES auons permis & permettons par ces presentes audit Drobet, d'imprimer ou faire imprimer ledit liure, tant de fois, & par tel Imprimeur que bon luy semblera, & iceluy mettre & exposer en vente & distribuer, durant le temps & terme de dix ans : defendans à tous Imprimeurs, & Libraires, vendeurs de liures, & à tous nos subjects de quelque qualité & condition qu'ils soyent, d'imprimer ou faire imprimer ledit liure, tant dedans comme hors du Royaume sous couleur de quelque fausse marque ou changement de traduction ou desguisement que ce soit, sans le consentement & permission dudit Drobet, ou celuy ayant charge de luy, à peine de trois cents liures d'amande applicables moytie à nous, & l'autre moytie audit suppliant, confiscations des exemplaires & de tous despens dommages & interests enuers ledit suppliant, A la charge d'en mettre vn exemplaire en nostre Bibliotheque publicque de nostre ville de Paris, suyuant nostre reglement. SI VOVS MANDONS que du contenu en ces presentes, vous faciez, souffriez, & laissiez iouyr ledit Drobet plainement & paisiblement, & à ce, faire souffrir & obeyr tous ceux & autres qu'il appartiendra, en mettant au commencement ou à la fin ces presentes, ou vn extraict d'icelles, VOVLONS qu'elles soyent tenuës pour deuëment signifiées : Et qu'à la collation qui en sera fait par l'vn de nos amez & feaux Conseillers, Notaires, & Secretaires, foy soit adioustée comme au principal Original. CAR TEL est nostre plaisir. DONNE' à sainct Germain en Laye, le dixseptiesme iour d'Octobre, l'an de Grace mil six cents vingt & trois, & de nostre regne le quatorziesme.

Par le Roy en son Conseil.

RENOVARD.

Et scelé du grand seau de cire jaune.

PREFACE
ADMONITOIRE,

CONTENANT LES MYsteres tres-profonds & plus rares de la Philosophie tant naturelle que de la grace,

TOVCHANT L'EXCELLENCE de la medecine Chymique, & grandeur du Microcosme.

ADVERTISSEMENT AV LECTEVR CVRIEVX DE LA CHYMIE ET PHILOSOPHIE Medecinale,

D'OSVALDVS CROLLIVS, *medecin du tres-illustre Prince* D'ANHALTE.

AMY Lecteur, quoy que les Romains eussent en recommandation Angeuore, & les Grecs Harpocrate, à cause de leur silence, & que tous les anciens Philosophes à l'exemple d'vn Acteon eussent en horreur de declarer, & manifester les thresors de la nature aux rustres & païsans ; toutesfois (puisque nostre pere celeste le Soleil a esté si liberal, que de distribuer esgallement sa lumiere à tous les mortels, sans auoir esgard aux bons, ou mauuais, nous comme ses vrays & legitimes enfans sommes obligez de l'imiter en sa liberalité, & principallement ceux-là

Psal. 145. v 9. Matth. 5. Iob. 1. v. 5. Strabo dit que les mortels imitent les Dieux lors qu'ils font bien au prochain. Matth. 25. Luc 19 Victor. Les dons de Dieu croissent par la communication.

ceux-là d'entre les autres,ausquels il a donné la parfaicte cognoissance de la verité parmy la plus grande obscurité des tenebres) i'ay voulu prendre la hardiesse de ne point enseuelir dans les antres obscurs de l'oubliance le talent que Dieu m'a voulu particulierement donner ; d'autant que les portes de la science donnent tousiours ouuerture aux beaux esprits, lesquels les Muses mesmes desirent volontairement seruir , eu esgard à leur sincere curiosité. Et de faict c'est vn office d'vne benigne humanité d'enseigner le chemin à celuy lequel se fouruoye,& retient en asseurance celuy qui ne s'est point encor esgaré : tel que celuy-là ie m'oseray qualifier sous la faueur diuine , de laquelle ie ne suis que cause seconde en ceste petite euulgation. C'est la verité que ie te fais present de ces secrets spagyriques tirez du plus profond de mon cœur, affin que tu en vses pour l'vtilité de ton prochain , & pour le profit de l'escolle Spagyrique ; ne croy pas que ce soient des inuentions friuolles , d'autant que ie t'asseure d'auoir eu la curiosité moy mesme d'en faire l'experience à mes propres despens ; ie te les donne neantmoins comme nouueaux. La raison est, parce que ie n'en ay iamais veu l'vsage parmy les medecins. Asseure toy que mon intention n'est pas de te faire des comptes aux vieux loups(comme l'on dict communement)parce que ie hay cela plus que toute autre chose du monde , comme n'estant propres que pour amuser les femmes vieilles aupres du feu.Outre

Quelques-vns de ces secrets lesquels i'auois communiquez à certains medecins ont esté preparez pour nostre Empereur Rodolphe 2.

tre ce ie tasche de ne te point ennuyer d'vn goulphre de discours, comme les lieux ausquels ie les ay puisez, où ie voy vn nombre infiny d'escoliers en medecine se perdre & submerger. Toutesfois par vne charité Chrestienne esmeu au profit & vtilité du public, principallement des malades, ie t'ay faict present de cecy que i'ay acquis, parmy la fatigue de mes voyages, tant en France, Espagne, Italie, Suisse, Hongrie, Boheme & Pologne, des plus experts & renommés Chymistes, tant par la courtoisie de quelques vns, que par mes propres deniers. Ie ne veux pas dire neantmoins que ie les tienne tous de ceste façon, estans la plus grande partie sortis de ma propre industrie & experience en l'art de medecine, affin que les nourrissons de la doctrine vrays amateurs de la verité puissent voir en abregé ce que les autheurs ont obscurci dans leurs escrits. Cher Lecteur sois asseuré que ce ne sont point opinions fausses, ou pour mieux dire charlateries telles que la plus part a accoustumé d'escrire auiourd'huy; ains comme ie t'ay desià dict, appreuuées par la mere de la verité, qui est l'experience, laquelle ne sçauroit estre arguée en façon quelconque; & par ce moyen (apres vn cours annuel de Platon) ie te donray quelques secrets entiers, desquels ie n'auois eu qu'vne demy cognoissance des autheurs; car m'estant acheminé auec vn trauail indicible chez quelques vns, desquels la renommée s'esclattoit presque par tout l'vniuers, & principallement par l'Europe, ie me suis

Pour l'ordinaire deslors qu'on a vn grand nombre de receptes, il y a peu de vertu.

C'est vn acte de benignité (selon Pline en son epistre à Vespasian) & de iugemẽt de confesser ceux desquels nous tenons nostre science.

ſuis treuué fruſtré de mon eſperance, d'autant que leur preſence a beaucoup amoindry leur renom chez moy ; car ce qu'ils croyent eſtre grand ſecret, n'eſtoit que choſes triuialles & communes, ou s'ils auoient vn bon ſecret, il clochoit d'vn coſté, ſi bien que i'ay eſté contrainct de ſuppleer à leur deffaut, ayant touſiours comme i'ay deſià dict faict moy-meſme l'experience. C'eſt la verité, qu'auec ces gens il m'a fallu faire comme l'ordinaire des Chymiques, καὶ δὸς τὶ ϗ λάβε τὶ ; car prenant quelque choſe d'eux, ie leur ay rendu la pareille, & voire plus, veu que iamais ils ne me donnoient vne noix, que ie ne leur rendiſſe vn œuf. En fin quoy qu'en ſoit, i'ay tant faict par la continuité de mon trauail, que i'ay ſorty le noyau de l'eſcorce, ou pour mieux dire, l'eſcorce du noyau ; d'où eſt arriué que ceux leſquels ont eſcrits des ſecrets ſpagyriques ſelon le rapport des autres, ſans en auoir faict aucune experience (qu'il ne leur ſoit point faſcheux ſi ie dis cecy) ont non ſeulement perdu leur temps, ains encore ont abusé les autres, & leur ont faict deſpendre vne grande partie de leurs moyens. Auſſi Lecteur croy moy qu'il n'y a que Vulcan, auquel les anciens Poëtes ont donné le tiltre d'inuenteur des arts, lequel puiſſe donner vn vray teſmoignage des experiences. Ceux leſquels à mon exéple ne ſe veulent fier à autruy, confeſſeront ingenuement qu'il vaut mieux en faire ſoy-meſme la preuue, & à ſes propres deſpens, par le moyen de la fournaize Chymique, affin

d'en

d'en estre plus asseurez, que de s'en rapporter aux charlatans, la coustume desquels n'est que de donner des bourdes à ceux lesquels mal-apprins se veulent fier à leurs caiolleries : & tout ainsi comme il y a beaucoup de distance des parolles aux effects, de mesme aussi y a-il beaucoup de difference de la Theorie à la pra-ctique ; celuy donc lequel s'en rapportera à telle sorte de gens le pourra experimenter : car sans doubte il sera deceu par ceux-là mes-me lesquels ont esté trompés auant luy. C'est pourquoy en faict de cest estude, il faut soy-mesme mettre la main à l'œuure, & ne s'en fier au rapport d'autruy, si l'on n'est tesmoing oculaire de l'experience : car alors ils pourront auec plus de franchise iuger de la verité, ou fausseté de la chose. Et parce que selon Æschy-lus celuy est reputé sage ; ὁ χρήσιμα οὐχ' ὁ πολλ' εἰδώς, lequel ne sçait pas beaucoup, mais est as-seuré que ce qu'il sçait est fort bon & vtile. I'ay mieux aymé te faire ce petit, mais tres-as-seuré present, te disant à l'exemple de Dama-scene ; contente-toy d'auoir peu de medica-ments, pourueu que tu ayes souuent faict la preuue de leur vertu & efficace. Toutesfois en ce peu ie te puis asseurer auec verité, qu'il n'y a secrets plus certains parmy tous ceux de la nature, que ceux-cy, excepté ceste vniuerselle medecine ; laquelle estoit enseignée des pre-miers sages au commencement du monde, comme vn miracle tres-singulier, οὐ γὰρ ἐν τῷ μεγάλῳ τὸ εὖ, ἀλλ' ἐν τῷ εὖ τὸ μέγα. Car ce n'est pas en la multitude qu'est la bonté, mais c'est

Il faut ap-prendre d'e-stre sage par les fautes d'autruy, affin de ne se point repentir apres qu'on aura fait les des-pens.

Voy Ana-xagoras en vn liuret περὶ τῶν ἐνστρεφῶν φυ-σικῶν.

Les fruicts & la grande vtilité recompenseront de reste le temps & le trauail de l'ouurier.

la bonté qu'est la multitude. Si neantmoins le sage Philosophe veut prendre peine de s'estudier à la recherche des secrets de la nature, sans apprehender la difficulté des experiences, il en sortira plus de ces inespuisables greniers, que iamais il n'en aura promis, pourueu que le ciel vueille seconder ses desseins. Mais quelqu'vn me pourroit demãder si i'ay fait la preuue des forces que i'ay assignées à vn chascun de ces secrets, auquel ie respondray sans rougir que non, me cõtentant que l'vsage que i'ay de cest art, & l'exercice que frequentemẽt ie fais de la medecine, m'en donnent vn tesmoignage assez asseuré, dequoy les spagyriques desià cõsommez en la Chymie, rassasiez de la vraye liqueur philosophique, lesquels de plein abord peuuent censurer les inepties, en donneront leur aduis par la facilité d'vne simple coniecture; Aussi c'est à ceux-là, & non aux ignorans, ausquels ces preparations se veulent addresser, n'ayans rien de commun auec l'ordinaire des Alchymistes, de peur d'estre taxées de calomnie: car τὰ τοῦ τεχνίτου σφάλματα, τῆς τέχνης εἶναι νομίζεται, l'on croit que l'erreur de l'ouurier prouient tousiours de l'art, & principallement ἐγχειρητικοῖς, quand il s'agit de mettre la main à l'œuure. Ie ne fais point de doubte que les autres vertus appreuuées par le long vsage des Chymistes, lesquelles ie mets maintenant en lumiere, ne puissent contenter le desir des curieux amateurs des secrets de la nature. C'est pourquoy les vrays & doctes medecins poussez d'vn esprit de charité

Celuy lequel par la trop grande stupidité de son esprit ne peut obtenir l'effect de son desir, ne doit pas attribuer la faute de son ignorãce à la nature, ny à moy, ains à soy-mesme.

charité par la sollicitation d'vne douce misericorde à l'endroit de leur prochain, sans esgard à sa condition, lesquels selon Dieu ne s'en veulent fier à personne, de peur que la fraude & sophistication ne marche (comme il arriue souuent) s'ils ne veulent tromper mon intention, cognoistront par leur experience qu'il y a plus de proprietez en l'vsage de ces medicaments que ie n'en ay dict, sur quoy i'atteste la verité fille du temps, à fin qu'elle chasse tout soupçon hors de nous.

Mais en quels flots me vay-ie precipiter? qu'est-ce que ie doy faire parmy la diuersité des Critiques iugemens? Ie voy bien qu'il m'est impossible de deffendre ma candeur & sincerité enuers le Senat Spagyrique, lequel i'honore de tout mon cœur, si ie ne prends hardiment le bouclier en main, tant pour reparer les dards que me lanceront mes aduersaires, que les langues des ignorants, lesquels poussez d'vne malicieuse enuie, vray tesmoignage de leur impertinence, taschent de mettre toutes choses à mespris.

L'ignorance, la superbe, & la malice, sont compagnes inseparables.

Ce n'est encor tout: car i'entends desia les plus secrets Philosophes Hermetiques, s'esleuer contre moy, disans, que ie leur fais tort de diuulguer & mettre au iour ces secrets de la plus grande partie desquels ils faisoient leur proffit, les ayants appris par vn long & frequent estude. Et de fait ils auroient raison s'il me semble, n'estoit que l'vtilité publique doit plus auoir d'authorité

que

que leur proffit particulier. Ie ne me soucie pas trop qu'ils m'appellent fracteur du seeau Chymique, ennemy du silence Pythagoricien, qui n'a point de memoire des loix Hypocratiques τὰ ἱερὰ ἱεροῖς, lesquelles commandent que les choses sacrées ne soient rendues triuialles au commun des hommes, ains tant seulement aux doctes qu'elles appellent sacrez, comme en estant seuls capables. Seulement ie me contente de mettre hors de la trop longue & obscure prison de l'enuie la verité Chymique, & l'ayant dessiurée & sortie, la communiquer auec toute sorte de fidelité à nos nepueux; mais parce que ceux-là d'autant qu'ils sont vrays heritiers de la Sapience, pour l'amour qu'ils portent (ou du moins doiuent porter) à Dieu, & à leur prochain, ayant fermé la porte à l'enuie, comme vrays citoyens du regne Philosophique, esleueront les yeux de leurs cabalistiques esprits; auec vne ferace asseurance, qu'en la caballe & magie Vvoarchadumienne & naturelle y a beaucoup d'autres secrets & thresors plus precieux, desquels ils pourront auoir la cognoissance par le moyen de leurs veilles & trauaux accompagnez de la lumiere naturelle; c'est là verité qu'à la fin ils doiuent estre manifestez à toute sorte de personnes indifferemment. Les Cabalistes font vne trine dimension des siecles, ne plus ne moins que des personnes diuines, donnans au Pere le temps auant le deluge & cataclysme vniuersel, lequel ils appellent temps Aquatique; Au

Siracid. chap. 43. sect. 36. 37.

Fils,

Fils, celuy qui suit apres iusques au iour du mystere de nostre redemption, lequel ils appellent sanglant; Le troisiesme est attribué à la tierce personne, c'est à dire au S. Esprit, lequel ils appellent temps du feu. Qu'à chasque personne de la tres-saincte Trinité son siecle soit attribué, il est facile à preuuer par le trine compartiment des douze articles de nostre foy, lesquels correspondent aux douze heures du seul iour que doit durer ce monde; Or donc les vrays & sages amateurs de la science ne porteront aucune enuie à ce petit eschantillon aggreable à la posterité, duquel fauorisé de la lumiere naturelle i'ay fait vne preuue fort exacte; Ie le donne librement, mais aux beaux esprits, d'autant que ceux-là lesquels n'auront exercé la Chymie, ignorans, sans aucune experience manuelle, n'ont garde d'en approcher ne plus ne moins que les prophanes des mysteres Theologiques entrelassez & enueloppez parmy les diuers destours de la Philosophie.

Zephan. chap. 3. sect. 9. Malach. 4. v. 5. 6. Zach. 14. v. 9. Siracid 48. sect. 10. 11. 12.

Ceux-là seuls qui en sont dignes les pourront entendre: I'entends ceux lesquels ont esté illuminez du Ciel, à raison dequoy on ne doit iuger temerairement s'il n'a cogneu au preallable la verité de la chose; quoy fait il peut par apres donner sa sentence.

Mais venons aux sectateurs de Theophraste, enfans adulterins sans aucune cognoissance de leurs peres (race meschante & enuieuse) lesquels se veulent esleuer, poussez par la rage de quelque furie infernalle, forcenans & taxans à tout moment ma sincerite, ne pouuans supporter en aucune façon que doresenaduant (par la fiction de leurs experiences couuertes du manteau de pieté par des diuerses & vaines promesses) leurs miserables impostures ne puissent auoir lieu enuers ceux-

Ces personnes cherchent la loüange de leur esprit par le larcin qu'ils ont fait des secrets, les taxans neantmoins comme ineptes & sans vertu.

ceux-là lesquels estoient faciles à deceuoir par leur peu de malice; Ie parle de ces Theophrasticiens, lesquels (comme il arriue souuent) par la grauité de leur face ou maintien, ou par la valeur de leurs habits; ayans appris quelques sentences en la compagnie de quelques gens capables laquelle ils ont frequenté par leurs astuces & finesses; de ces sentences dis-ie ils en font par apres trophée en temps & lieu, donnans à croire par ce moyen qu'ils sont doctes & bien versez aux sciences, & en ceste façon ils s'acquierent la bienveillance des grands Princes, lesquels leurs permettent mettre en vente ces medicaments sophistiques pour l'ordinaire, & neantmoins couuerts du manteau de la Chymie; semblables à ces antiques Pharisiens, lesquels soubs feinte de deuotion cachoient finement leur malice soubs la peau d'vn renard. A raison dequoy ces meschans & affamez imposteurs, plus dignes d'vne corde que de misericorde, desquels la seule ombre porte plus de dommage que de proffit, trompans & affrontans la plus grande partie des hommes, ignorans leur façon de viure, s'attribuent le nom de vrays medecins Chymiques : chose autant esloignée de la verité, que le Ciel empyrée de la terre. Ceste maudite engeance dis-ie peruerse & adultere, laquelle ne fait profession que de tromperie, ayme cent fois mieux pour l'ordinaire auoir beaucoup de renommée, que de l'auoir bonne; la raison est qu'ils veulent acquerir par leur meschanceté ce qui

leur

leur est desnié par la vertu, en estant tout à faict despoüillez & destituez. C'est pourquoy telle sorte de gens doiuent estre bannis & excommuniez de la compagnie des vrays Philosophes, d'autant qu'ils sont indignes de la cognoissance d'aucun mystere diuin ou secret de nature, comme estant la seule cause & le subject que ce tant celebre nom de Chymie est presque infame & abominable, non seulement parmy les rustiques & ignorans lesquels mesurent la science des doctes à l'ausne de ceux-cy; ains encore parmy ceux lesquels font profession de sçauoir quelque chose. Telle sorte de gens ne me sçauroict offencer, estant plus dignes de la hart que de l'autel, voila pourquoy ie ne suis point fasché qu'ils s'esleuent contre moy, parce que leurs calomnies redonderont à mon honneur & à leur dommage.

Ce n'est pas le vice de cest art, ains seulement des hommes qui en abusent.

Quant aux Galenistes, ie suis certain que la plus subtile partie (laquelle par crainte de l'excommunication de quelques anciens Rabins d'Athenes, n'a osé mettre au iour la verité) en sera grandement ioyeuse, embrassant ceste lumiere du plus profond de son cœur. Toutesfois, ie prie le Ciel qu'il bannisse loing de moy, & rende vain l'augure fatal qui se presente deuant mes yeux: car ie crains que du contentement de la reception de ce mien ouurage, ne sorte & s'engendre vne grande enuie, marris que ie l'aye fait voir au public, si bien que soubs feinte de mespris ils s'en seruiront, neantmoins à tout

Là où l'enuie & la haine ont authorité le iugement est aueugle.

moment

moment, en cachette, sans aucune benediction de Dieu, ils feront semblant de le rejetter bien loing auec vn froncement de sourcil. Mais comme la vertu est pour l'ordinaire regardée auec les yeux de l'enuie, laquelle est la vraye compagne des estudians en medecine, voire mesme il est impossible que le Ciel puisse complaire à tous, estant la nature des hommes tellement corrompuë & deprauée, que lors qu'vn demande la serenité, l'autre souhaite la pluye; Miserables plus dignes de la colere que de la misericorde celeste; aussi voyons-nous ordinairement telles personnes melancholiques & descharnées portans (s'il faut ainsi parler) leur Purgatoire auec eux, duquel ils ne sont iamais deliurez qu'à la totalle abnegation de leur enuie.

Ie ne m'estudie pas de plaire à tous, veu mesmes que ny tous, ny toutes choses ne me plaisent pas à moy.

Pour l'autre partie des Galenistes, laquelle ennemie de la verité s'est voulue rendre compagne de l'erreur, destituée de toute humanité & philosophique literature, se mocquera de ma bien-vueillance enuers la republique Chymique; toutesfois il n'y a rien plus iniuste selon le Comique, que d'auoir accez auec ces Mesochymiques enseuelis encore dans le bourbier & poussiere scholastique, l'esprit desquels ne sçauroit comprendre aucune chose tant peu fut-elle sublime & releuée, voire mesme ils ayment mieux mourir dans la crassitude de leur ignorance, que de s'aduoüer disciples de ceux, lesquels bien versez font profession de Lecteurs en medecine. Cependant que personne ne s'estonne, si ces insolents

L'Alchymie est diuisee en deux, sçauoir la naturelle,

lents contempteurs des beaux secrets de la nature, ont en horreur le nom de Chymie, ayants iusqu'à present sans hôte ny demy, par vne sotte & barbare arrogance, fait leur iouët de cest art tout diuin, pauures ignorans sont comme les chiés, lesquels sans cesse abbayent contre ceux lesquels ils n'ont encore cogneu; de mesme telle sorte de gens superbes au milieu de leur ignorance abbayent contre la Chymie, n'en ayant pas seulement encore veu le marche-pied, ou sueil de la porte; ils peuuent neantmoins auoir vn motif lequel les excite à cela, sçauoir le despit: car n'ayans aucunes armes pour pouuoir renuerser la verité & noircir les pierres precieuses, ils sont contraints de se seruir des iniures, affin de couurir l'ignorance de leur folie. Mais comme toutes choses ont naturellement quelque principe d'où elles sont deriuées, aussi ceux-cy ne sont sans moteur & capitaine aussi sot & ignorant que ses sectateurs. C'est ce venerable Binarius, par reuerence calomniateur, lequel est contrainct de confesser soy-mesme, qu'il n'entend aucune notte à ces celebres preparations. C'est la verité qu'on n'appete point les choses incogneuës parce qu'on n'en sçauroit porter aucun iugement asseuré, comme des certaines & cogneuës, sans encourir le nom de temeraire. Ce n'est donc sans raison que ces escoliers, lesquels n'ont iamais visité le sanctuaire de la nature, condamnans les estudes extraordinaires doiuent estre intitulez & notez de ce

laquelle doit estre en estime par les enfans de l'art, & la sophistiquée laquelle doit estre en horreur par les mesmes.

ce nom de temeraire, veu mesmes qu'iniustement ils vsurpent les tiltres & honneurs de vrays Philosophes & Medecins, soubs quel nom ils tirent l'argent & solde publicque, si poussez ou conuaincus de la verité ils admirent ces beaux effects, ou plustost miracles magiques de la nature auec le commun: Mais ô merueille estrange que nonobstant tout cela ils ne cessent de mespriser vn grand nombre de Medecins tres-fameux, meritant d'estre mis en parallele auec les plus doctes & experts de nostre temps aux secrets de la nature; d'autant que ceux-là (quoy que versez en l'vne & l'autre Medecine, tant ancienne que moderne) instruits tant par la lecture des bons & legitimes Autheurs, ou de la lumiere naturelle par laquelle ils ont esté esclairez, que de leur propre experience, ne desirent aucunement la vanité des honneurs mondains, consistans en degré de Doctorat, ou tiltre d'authorité, desquels iamais Galien ny Hypocrate, ny tant d'autres celebres personnages ne se sont voulu glorifier, de peur qu'ayans manifesté la verité, ils ne fussent contraints de iurer (selon les Ethniques erreurs) en la presence des Dieux scholastiques de mourir en leur Academie. Ce n'est pas que ces grands personnages n'eussent merité le prix, & couronne par dessus les autres; prix qui estoit anciennemét le plus puissant esperon pour exciter les hommes à la vertu. Toutesfois auiourd'huy & principalement aux Vniuersitez ou Colleges de Medecines l'on ne

Iob. 5. v. 44. Voy Paracelse Tom. 5. aux fragments de medecine fol. 167. 168.

C'est vne grande tyrannie de tenir captifs en certains autheurs les esprits des estudians leur ostant la liberté de chercher, & suiure la verité.

ne fait point scrupule de conscience, de donner les tiltres de Docteur (soit par prieres ou par argent) à des personnes autant incapables du bonnet que de la robbe. Ie ne parle pas de ceux lesquels par l'assiduité de leurs estudes se sont rendus dignes de monter en chaire pour manifester leur doctrine. Mais retournons à nos ignorants, lesquels apres auoir suiuy deux ou trois ans les enseignements, lesquels sont dans leurs cayers, ils les abandonnent procedants d'vne methode toute nouuelle, excusans la lourdise de leurs fautes, soit que le malade meure, ou que par hazard il viue; en fin la quatriesme, cinquesme, & les suiuantes années passées sont contraints de recognoistre à leur grande honte & confusion, par vn cõtinuel remords de conscience, leur incapacité en la medecine; & c'est à lors qu'à bon droict ils deuroient estre en crainte si les Theoremes de Galien, destinez autant pour les hommes que pour les brutes, ou sa methode en fait de medecine, (n'ayant esté establie de l'authorité d'aucun ancien, par laquelle toutesfois nostre siecle triomphe) ont quelque bon fondement, parce qu'il semble à veuë d'œil qu'aux grandes maladies la fin ne correspond point à son principe, sur ce ils apportent les autres sciences lesquelles ne seruent de rien en ce lieu, ignorans la grandeur & amplitude de la medecine (laquelle nous fauorise beaucoup, si elle nous donne la cognoissance de sa perfection sur nos vieux iours.) & quoy que telles person-

Cela se fait non par science, ains par argent ou faueur.

Les fautes de tels medecins sont couuertes par la terre, ainsi que dit Socrate, parlant des medecins temeraires, lesquels se jouët du cuir humain, ou pour mieux dire, de la vraye image de Dieu, & erigent des Cimetieres au detriment & damnation de leur ame.

Dieu seul est le maistre & Seigneur de la nature.

Combien que les tiltres ou degrez de dignité donnent plus grande authorité & renommée en ce monde, ce qui n'est que vaine gloire: toutesfois ces choses la ne rendent aucune personne plus docte ny plus sage.

Dediscenda deliramenta.

Le monde est regi & gouuerné par ses opinions.

nes n'ayent aucun argument de leur ineptie & ignorance, que l'obseruation & labeur des autres duquel ils font trophée, ils sont neantmoins à la fin contraincts de se despoüiller de leur arrogance; par laquelle ils se vouloient esleuer dessus les autres, & confesser en despit de leurs dents qu'ils ne sont ny docteurs aux choses naturelles, ny mesmes bons escoliers; si bien qu'ils sont forcez de renaistre vne autre fois, & à leur honte reprendre les rudiments en main, s'ils veulent auoir quelque authorité & renom parmy le peuple. Helas! combien se treuue-il de gens semblables, & de mesme estoffe lesquels s'en sont plaincts à moy. Ie ne veux pas dire de ieunes gens: car ils ont encor assez de temps pour se perfectionner, mais de ceux lesquels ont desia le chef couuert d'vne cheuelure neigeuse, ayant passé la meilleure & plus grande partie de leur aage parmy les communes vanitez scholastiques sans s'adonner à la practique, se contentans, sans aucun fruict, d'apporter les opinions des autres Medecins: ὅμοιοι καράβοις μασσωμένοις, οἳ δὲ ὀλίγον τρόφιμον ἔχει πολλὰ ὀστεῖνα ἀσχολῶνται; semblables aux mangeurs d'escreuisses, lesquels parmy vne grande quantité des os, ne treuuent que bien peu de viande, parce qu'ayans recogneu la douceur de la verité, & allechez par icelle, apres la cognoissance des si longs destours, & sottes persuasions lesquelles pour l'ordinaire ne traisnent qu'vne grande file d'erreurs, ils en font penitence ayans au prealable quitté les empesche-

mens

mens de la ſcience, leſquels n'eſtoient autre choſe que leur opinion & vaine-gloire. Et à l'exemple de Diogene n'ont pas honte d'eſtudier en leur vieilleſſe, comme eſtant choſe fort honnorable, meſmes qu'ayans cõmencé leur courſe, il ſeroit inepte de la quitter; & s'arreſter au milieu. C'eſt le propre du ſerpent de quitter ſa vieille peau pour en prendre vne meilleure & toute nouuelle, à l'imitation duquel l'homme prudent & ſage ſe doit gouuerner: car ayant laiſſé ſon arrogance & vaine gloire, il doit conſommer ſon aage à la recherche des ſecrets de la nature, & ſe rendre totallement eſcolier & diſciple Chymiſte; & du grãd liure de grace auquel le ſalut eternel de noſtre ame eſt eſcrit, il doit ſoigneuſement foüiller l'autre, ſçauoir, le liure de la nature, où il eſt traicté des choſes appartenantes à la ſanté du corps humain, ſe prenant garde de ne point oublier les principaux threſors d'icelle, auſquels la vertu medecinale a eſté donnée du Ciel. Mais affin que par vn miſerable erreur ils ne finiſſent leurs iours parmy l'obſcurité des ombres ſuperficielles, ou des qualitez externes de Galien, par le labeur de leur vieilleſſe ils ont baſty vn temple, ou artiſte monument à la nature

Dieu eſt le premier liure pour la vie eternelle, & la regle de la vie ne vient d'autre que de Dieu.

Le firmamẽt ou le ciel, & tout ce qui eſt enclos en iceux eſt le ſecond liure de la nature pour la vie mortelle: car on doit puiſer la ſcience naturelle des aſtres.

La felicité de la vie preſente conſiſte en la cognoiſſance de la nature, & partant apres les choſes eternelles le principal eſt la diligente recherche des ſecrets de la nature aux choſes temporelles. Le medecin expert ou maiſtre de la lumiere terreſtre ne ſe repent point de ceſte cognoiſſance, voy Agrip. liu. 6. cp. 6.

Les medecins mondains & auaricieux ſe laiſſent librement emporter au deſir de l'argent ou de l'honneur propre, bien que la fin de la medecine ne ſoit pas l'amas de l'argent, mais la manifeſtation des ſecrets de la nature, & de l'amour du medecin enuers ſon prochain malade.

ture, à la perfection de laquelle (selon la tres-claire cognoissance du Createur) ils sont paruenus, tant par vne curieuse recherche & admiration des œuures de Dieu, que par vne laborieuse examination des creatures ; c'est à dire des choses naturelles, fauorisez d'vne parfaicte & philosophique augmentation. Mais d'où ie vous prie, ce fruict si doucereux, si ce n'est par la grande assiduité de leurs veilles & trauaux, affin qu'à l'aduenir estant medecins confirmez (par la multiplicité de leurs experiences) & appellez aux licts malades, où il n'est pas besoing πολυγλωττία de beaucoup de discours, ains πολυπραξία d'vne belle & methodique operation pour leur santé. Et de fait en cest art on ne demande pas des externes allechemens, moins encor la somptueuse recherche d'vne grande quantité de seruiteurs, ny du tesmoignage de leur ignorance, par vne affecterie de langage, duquel le vulgaire des superbes medecins se plaist ordinairement (ayans en horreur l'office de leurs ancestres) lesquels conduits & allechez par l'auidité du lucre, ne demandent autre chose que d'auoir des malades riches & opulents, au mespris des pauures necessiteux. A telles gens pour l'ordinaire l'on remarque ceste malicieuse enuie ; car (souz pretexte de vouloir apprendre quelque chose des medecins Chymistes, lesquels ils appellent charbonniers) ils tirent leurs secrets, desquels voulants se seruir à l'aduenir, ils taschent par le bouffissement de leurs parolles de les aneantir, les
rejet

rejettants & condamnants, voire (qui pis est) les deffendants comme pestiferez venins: Mais voyons s'il vous plaist leur ambition & cautelle, laquelle n'est autre que par vn larrecin mensonger, de s'attribuer l'honneur qui est deu à l'inuenteur, despoüillants par ce moyen les bien-facteurs, & inuenteurs des arts de leur merite, affin que plus commodement ils se seruent des secrets & medicaments, lesquels ils ont acquis par leur astuce & tromperie, & à la verité tels Apulées couronnez & vestus des despoüilles du Lyon, ou du Renard meritent pustost (& par le commandement de Pythagore) de prendre leur repas dans vn pot à pisser, que d'auoir l'entrée du sacré bain de Diane. Et de fait se jettans en ceste sorte dans le iardin Chymique, il ne falloit iamais leur mettre ces belles & precieuses laictuës deuant, ains se contenter de leur presenter les chardons & chaussetrapes, viandes tres-propres pour le temperament de leur estomach. Toutesfois (puisque selon le iugement des sages, on ne doit s'arrester aux parolles des fols, à l'imitation du pot boüillant, lequel se rit de l'attaque impertinente des mousches) les volontez de quelques-vns renduës plus faciles & courtoises à mon endroit, ayans quitté la violence de leur censure, auec la haine de la verité, par lesquelles ils taschoient de rendre suspects les dons que i'ay receus de Dieu, me donnent vne meilleure esperance. I'ay tousiours neantmoins voulu excepter les bons en ce discours,

Les fautes de quelques particuliers ne doiuent estre tirées en consequence au desaduantage de plusieurs.

comme n'estans en aucune façon coulpables, content de donner l'entrée de ces douces & crystallines fontaines à quelques sectateurs de l'antique medecine, lesquels tous les iours rejettent, & remettent sur l'enclume de leur iugement la doctrine des anciens medecins; voire mesme par vne certaine enuie & emmiellée malice, ils laissent en arriere les merites de Paracelse en sa pratique.

Mais combien que la trop grande abondance des accusateurs soit souuentesfois ennuyeuse & suspecte aux Iuges & Magistrats: toutesfois i'ay voulu inserer ceux-là en ce lieu à cause de l'iniustice du mōde, & principalement en ce temps auquel la malice des hōmes semble estre tout à faict deschainée, par le refroidissement de la charité fraternelle. Ie m'asseure neātmoins que ie n'ay rien dit qui soit superflus & hors de propos: car ce discours n'offence aucunemēt l'honneur & reputation des doctes medecins, l'ayant seulemēt ourdy contre les seuls esclaues de la superbe ignorance & enuie, lesquels ordinairement contre leur conscience à la honte de Dieu, & de la nature (s'il est permis d'ainsi parler) & au dōmage de la republique medicale, taschēt, voire attaquent de tout leur pouuoir la verité Chymique: Toutesfois auant que ie commence la description des remedes, il est necessaire que ie traitte quelques poincts en ceste Preface Admonitoire, lesquels necessairement le medecin doit sçauoir.

Et premierement, qu'elle est ceste medecine

cine cogneuë de peu de medecins, laquelle a la force de chasser les maladies du corps humain, à laquelle est adiousté l'entiere & absolue description philosophique des elements, & de l'homme; description neantmoins enueloppée dans les tenebres de l'oubliance, vraye & naturelle mere des ignorans.

Secondement, ou, & en quelle part ceste medecine est cachée.

Tiercement, de combien d'escorces elle est couuerte, & combien de fois il la faut reiterer affin qu'elle soit preparée selon vn vray & conuenable artifice.

En quatriesme lieu, par qu'elle vertu elle agit au corps humain, & en qu'elle façon elle expulse & chasse les maladies.

Cinquiesmement, quel medecin elle demande & requiert.

En dernier lieu, de la medecine vniuerselle des anciens, tant chantée & renommée par plusieurs, mais cogneuë & veuë, ie ne veux pas dire possedée de bien peu d'hommes, sur la fin au lieu d'epilogue, quelque chose pour la deffence de la verité.

I.

De la vraye medecine.

LA vraye medecine de laquelle nous auons deliberé de parler, fauorisée par l'assistance du Ciel, est vn pur don de Dieu, lequel ne peut estre enseigné des Payens, ains seulement

Sirac. chap. 34. sect. 20. chap. 37. voy le labyrinthe des medecins chez Paracelse.

ment du recteur de la supreme vniuersité, lequel est incapable d'erreur en quoy que ce soit, à raison dequoy la sapience ne peut estre tirée des creatures, ains de Dieu, lequel seul sçait tous les secrets, & proprietez de la nature, comme en estant luy-mesme l'astre influent, fabricateur & inuenteur : car il est impossible de les si bien apprendre d'vn precepteur ou professeur mortel, ou par les escrits, lesquels ne sont qu'ames mortes, que de celuy qui est le tres-parfaict architecte de tout le monde, sçauoir Dieu tout-puissant, la chaleur duquel influe dessus nous, ne plus ne moins que celle du Soleil dessus les plantes, moyennant laquelle il les produit & entretient ; car qu'est-ce que l'homme a en soy, qu'il ne l'aye tiré du Ciel ? asseurement nous tenons toute nostre science du premier homme, & le premier homme la tient de Dieu, cõme de la cause premiere, lequel l'a creée auec soy, le Medecin doit naistre de la lumiere naturelle, hõme inuisible, & ange interieur ; de la lumiere naturelle, dis-je, laquelle instruict & enseigne les hommes comme vray docteur, ne plus ne moins que le sainct Esprit par des langues de feu enseigna les Apostres. Quant à la confirmation de la medecine elle ne peut prouenir que de la practique ou exercice iournalier qu'on en faict, parce que c'est sa seule lumiere laquelle est fondée, non pas aux institutions humaines, ains celestes & diuines. Or puis qu'elle n'est pas fondée sur des feintises ou opinions humaines, ains seulement sur la nature,

Matth. 18. Ioan. 6. psal. 58.

En vain le maistre enseigne le disciple qui n'est pas nay à la science par l'influence des astres.

ture, laquelle Dieu a voulu marquer de son doigt en toutes les creatures sublunaires & terrestres, il ne sera pas mal conclu de dire, & asseurer que Dieu en est le seul fondement; doncques la medecine n'est autre chose que la misericorde du Pere celeste creée & incarnée; & donnée pour le proffit & vtilité des pauures malades & affligez; affin que par ce moyen ils voyent & touchent auec le doigt, combien Dieu est misericordieux & bening, portant & donnant ayde aux affligez, lesquels pour son amour supportent patiemment leurs miseres, le loüant & glorifiant sans cesse. Ceste vraye medecine ou Mumie naturelle, seul noyau de la nature, est contenuë au soulphre vital, thresor vnique de toute la nature, quant à son fondement: nous le treuuons dans le baulsme des vegetans, Mineraux, & animaux, auquel nous rapportons le principe de toutes les actions naturelles, lequel encor par sa seule puissance peut venir à bout de la cure de toutes les maladies, pourueu que (cõme nous dirons cy apres) estant deuëment preparé, & separé de toutes ses impuretez, il soit donné au malade par vn docte & pieux medecin, & auec vne methode conuenable & necessaire: le fondement de ceste medecine est la totale concordance du Microcosme; c'est à dire de l'homme, au Macrocosme, c'est à dire, grand & externe monde. Et tout ainsi comme l'Astronomie & la Philosophie nous enseignent qu'il y a deux globes, sçauoir le superieur & l'inferieur: car la Philosophie nous monstre & enseigne

La medecine est vne grace donnée de Dieu, les fondements de laquelle ne sont pas les liures des Academiciens, mais l'inuisible misericorde, & don de Dieu. Ces choses cy-deuant escrites sont appuyées sur les vrais fondements & sur l'experience. Ceste essence medecinalle est appellee l'or de la medecine.

La medecine nous est diuinement signifiee par le liure de la nature; c'est à dire, par le ciel, & la terre marquée; en ce lieu peut estre cogneuë & recherchee par la chiromancie, & par la physiognomonie.

enseigne les forces, & proprietés de la terre & de l'eau ; & l'Astronomie de l'air & du firmament : la Philosophie & Astronomie ensemble font vn entier & parfaict Philosophe, tant eu esgard au Microcosme, qu'au Macrocosme ; doncques il est necessaire que le Macrocosme estant comme le pere, constitue son heritier le Microcosme ; qui est comme son fils ; luy donnant la colligation & correspondance de l'anatomie externe & mondaine. Le monde externe est l'anatomie theorique, ou le miroir auquel le microcosme, c'est à dire l'homme, se doit regarder ; aussi c'est la verité, qu'il est impossible de comprendre combien la structure, & creation de l'homme est necessaire au medecin : car l'homme & le monde s'accordent, non pas quant à la forme externe, ou substance corporelle, mais en toutes les vertus ; & selon que le Macrocosme est grand & vaste ; de mesme l'est aussi le petit Microcosme ; si bien qu'il n'y a point de difference de l'vn à l'autre ; il n'y a mesme point pas, sinon que la forme externe ne distingue l'homme d'auec le monde ou Macrocosme ; parce que la lumiere naturelle nous monstre clairement que ce n'est autre chose qu'vne analogie diuine du grand au petit monde, c'est à dire du Macrocosme visible, au Microcosme inuisible ; car tout ce qui est inuisible en l'homme, est manifesté en l'anatomie visible de ce grand vniuers ; parce qu'au Microcosme la nature Microcosmique est inuisible, & incomprehensible ; partant elle doit donc estre manifeste & visible en son parent,

Nul medecin ne peut auoir vne parfaicte cognoissance des maladies ny du Microcosme sans la cognoissance de la lumiere de la nature, ou du macrocosme.

Le macrocosme est la Theorie & miroir de l'homme qui est le microcosme.

L'homme est la fin de la philosophie & de l'Astronomie.

rent. Les parens de l'homme sont le ciel & la terre desquels il à esté creé, & celuy est vrayement fils de l'homme, lequel par vne asseurée cognoissance sçait l'anatomie, voire anatomise ses parens, ayant atteint la perfection des proprietez de la creature plus parfaicte; d'autant que toutes les proprietez de ce grand vniuers, sont comme en abregé dans le centre; parce que son anatomie (selon sa nature) est l'anatomie de tout l'vniuers. Le monde externe porte la figure de l'homme, & l'homme n'est autre chose que l'abregé de tout le monde; d'autant qu'en luy les choses visibles sont inuisibles en l'homme; & lors qu'elles se rendent visibles, elles ne sont autre chose que les maladies, & non la santé, parce qu'il est le Microcosme & non le Macrocosme. Et c'est la vraye cognoissance, par laquelle l'homme est microcosmiquement visible & inuisible; aussi par la vraye & solide anatomie du Microcosme & du Macrocosme, la doctrine du sage Medecin est releuée en vn degré plus hault, & eminent, de laquelle il se peut asseurement seruir en apres, comme d'vn anchre sacré & infaillible. Si l'on considere l'origine de toutes les maladies, on verra librement que la nature tant du Macrocosme, que du Microcosme, est la medecine, le medecin, & la maladie tout ensemble; il est necessaire, selon la nature, que le medecin croisse, d'autant qu'en soy, de soy, & par soy, il n'a rien que par la nature; la nature enseigne le medecin, & non l'homme, & parce que la matiere

tiere de l'homme est l'extraict des quatre elements; il faut qu'il aye quelque familiarité auec les quatre elements, & auec les fruicts des quatre elements, voire, il est impossible qu'il puisse viure sans iceux; car quel d'entre tous les mortels peut estre sans l'air, l'eau, le feu, & la terre, ou les fruicts d'iceux? Dieu a creé les elemẽts pour leurs fruicts, à fin qu'ils substantent l'homme par leurs vertus medicalles & nutritiues; doncques tous les elements externes nous prefigurent l'homme; si bien que par la cognoissance d'iceux, on paruient à la cognoissance du Microcosme, parce qu'ils sont semblables; voire, entr'eux sont le Microcosme mesme: car aux elements est la mesme anatomie & matiere de l'homme, doncques ils ne sont differents de l'homme que par la forme; de mesme aux choses naturelles est le feu, l'air, & l'eau terrestre; d'auãtage l'eau, la terre celeste; semblablement les choses terrestres & igneales, sont l'eau aërienne; en fin, le feu aërien, l'eau aërienne, & la terre aërienne. De mesme se treuue-il quatre especes de Mercure, & quatre des metaux; il y a quatre especes de neige, de perles, & d'amethystes; en fin de quelle chose que ce soit il s'en treuue quatre especes; sçauoir, la premiere au firmament ou element celeste, l'autre en l'air, la troisiesme en l'eau; la quatriesme & derniere en la terre: semblablement l'homme est diuisé en quatre; car Dieu est beaucoup plus admirable aux choses inuisibles, qu'aux visibles, si nous deuons adiouster foy aux parolles

La cognoissãce des quatre elements mõstre toutes les maladies & les cures de l'homme.

La cognoissance de la medecine au monde exterieur doit estre tirée comme du limbe ou centre, d'où depend aussi la cognoissance de l'homme.

Chasque element en particulier parfaict sa force & ses operations en tous les quatre elements en general.

rolles de Paracelse ; d'autant qu'il a creé au milieu des quatre elements, affin d'euiter le vuide, quatre sortes de creatures, tant animées & viuantes, qu'inanimées, c'est à dire, sans ame intellectiue, lesquelles sont comme hostesses des quatre elements, differentes neantmoins, quant à l'intellect, sapience, operation, & art, de l'image de l'homme, lequel est le vray pourtraict de Dieu. Dedans les eaux sont les Nymphes Melosynes, desquelles les monstres ou bastardes, sont les Sirenes nageantes sur les eaux. Sur la terre sont les les loups-garoux, sylphes, & les monstres desquels sont les Pigmées. Par l'air, c'est à dire nostre monde aërien, sont les ombres & satyres, lesquels ont les geants pour vterins & bastards. Au feu, c'est à dire au firmament, sont les vulcanales, les esprits, & les Salemandres, lesquelles ont pour monstres Zundel. Ie laisse à part les Flages, lesquelles diuisées en milliers, Theophraste asseure en ses escrits qu'elles sont incorporées à l'ame du Microcosme. De mesme il y a quatre sortes de medecine : par exemple le cœur Macrocosmique, sçauoir, le feu, l'air, l'eau, & la terre, correspondent en tout au cœur Microcosmique, c'est à dire de l'homme; car en l'homme toutes les operations sont en vne, ou tout ce qui est en l'homme n'est qu'vne operation; ce qu'il faut entendre de tous les autres membres du corps; car tousiours les quatre membres du fils doiuent estre correspondants à ceux du pere, c'est à dire du Microcosme au

Macrocosme, par lequel moyen nous pouuons librement cognoistre quelle maladie que ce soit; & tout incontinent sa medecine laquelle est de mesme Physiognomie, Chyromancie, ou Anatomie, & de fait quiconque n'a la cognoissance de ce fondement, il ne peut iamais estre bon medecin; quant à ceste cognation & affinité du corps Microcosmique & Macrocosmiques, elle a esté treuuée par les Astrologues & Chymiologues dans les escrits des anciens: car l'Astronomie celeste est comme mere ou maistresse de l'inferieure; d'autant que chascune à son Ciel, son Soleil, sa Lune, & toutes ses autres Planettes, & Estoilles: toutesfois comme il est necessaire que l'Astrologie aye esgard aux choses superieures, de mesme est-il aussi de besoin que la Chymiologie regarde les inferieurs. Et quel qui soit des noirs Philosophes, c'est à dire Chymistes, fauorisé de la grace diuine, a atteint le chef ayant pris garde aux proprietez des corps du globe superieur, il pourra auec asseurance, & legitimement par vne artificielle analogie accommoder & mettre en parallele les astres, corps superieurs; auec les corps du globe inferieur; & par ce moyen il descouurira toutes les difficultez philosophiques enueloppées dans les enigmatiques obscuritez, confessant librement qu'il n'est plus besoin de courir aux Indes, ou en l'Amerique pour apprendre la maniere de bien & asseurément philosopher; d'autant que la bonté diuine a esté telle en nostre

En son idée de la medecine philosophique.

Les gouteux presagent les prochains changements de temps par leur douleur.

Les gouteux sōt prophetes & astrologues outre leur gré, de mesme plusieurs malades presagent le changement des choses futures aux quatre elements & les elements internes de l'homme presentent les changements des externes.

noſtre endroit qu'elle a voulu que les aſtres inuiſibles des autres elements, fuſſent repreſentez ſouz quelque figure viſible au ſupreſme element, expliquant clairement les loix des mouuements, auec les predeſtinations du temps ; quoy qu'il n'y aye aucune choſe en toute la baſſe famille naturelle, laquelle par le moyen des aſtres ne puiſſe venir à la perfection de l'Aſtronomie rangée & accommodée par ſes offices predeſtinez : car comme remarque fort bien Paulus Seuerinus de Dannemarc, tous les Aſtres de l'Eſté, de l'Hyuer, du Prin-temps, & de l'Automne ſont contenus en la terre, en l'eau, & en l'air, leſquels s'ils n'eſtoient d'accord auec les aſtres du firmament (auquel ſeul vne multitude de philoſophes par vn commun erreur ont admis & logé toute l'Aſtronomie) nous accuſerions en tout temps de ſterilité les impreſſions celeſtes, pour la difficulté de la prouiſion future : car il y a deux Cieux, ſçauoir le Ciel externe, comme ſont tous les corps des aſtres au firmament ; & l'interne, lequel n'eſt autre choſe que l'aſtre ou corps inuiſible & inſenſible de toutes les eſtoilles celeſtes. Ce corps inuiſible & inſenſible des aſtres, eſt l'eſprit du monde, ou de la nature, appellé Hylech par Paracelſe, eſpars par tous les Aſtres : Et tout ainſi comme ceſt Hylech contient particulierement tous les Aſtres au grand monde ; de meſme le ciel interne de l'homme, qui eſt le ciel Olympique, embraſſe tous les Aſtres, & par ainſi l'homme inuiſible n'eſt pas

Comme la raiſon regit les aſtres externes, de meſme la medecine regit les aſtres internes. L'Aſtre de l'homme & du ciel ne ſont qu'vn.

tant seulement tous les Astres, ou la totalité des Astres : mais le mesme est inseparable d'auec l'esprit du monde, ne plus ne moins que la blancheur de la neige, veu que tout ainsi comme toutes choses sortent & procedent, quant à l'interieur de l'inuisibilité ; de mesme aussi les substances corporelles & visibles viennent des incorporelles & spirituelles, sçauoir des Astres : & de fait elles sont corps des Astres, & demeurent dans les Astres, c'est à dire, l'vn dans l'autre ; d'où s'ensuit que non seulement les viuants sensitifs, ains encore les pierres & metaux, & tout ce qui est en l'admirable ordre de la Nature, a son esprit celeste lequel s'appelle Ciel, ou Astre, ou ouurier occulte, duquel procede toute la forme, figure, & couleur de la chose. Et de ce propre & interne Astre, c'est à dire soleil Microcosmique, appellé par Paracelse Estre de la semence & vertu ; de ce soleil Microcosmique l'homme est produict, engendré, peint, formé, & gouuerné : Mais quand nous disons que toute la forme des choses est faicte des Astres, il ne faut pas entendre des feux visibles lesquels paroissent au Ciel, ny des corps visibles des Astres du firmament, ains seulement le propre Astre de chasque chose en particulier ; à raison dequoy le firmament superieur n'influë pas les secrettes vertus specificatiuement à l'inferieur, comme opine la fausse philosophie, tenant que les estoilles du firmament influent ses vertus aux herbes, arbres, & non aux hommes ; chasque

La formation de toutes choses est aux astres de mesme façon que le fer en l'imagination du mareschal Paracelse, *in Paramiro de Ente astrorum*, de là il faut tirer & dresser les natiuités. Lis Paracelse *in Paramiro de Ente astrorum.*

vegetant

vegetant, & sensitif porte auec soy, & en soy son propre Ciel, ou Astre. Les estoilles superieures, par le cours du Zodiaque excitent les inferieures, leurs fournissans les rosées, pluyes, & tempestes; mais pourtant il n'est pas à dire qu'elles leur influent vn Astre interne d'accroissement: car ny l'odeur, ny la couleur, ny mesmes tant seulement la forme, ains toute toutes choses prouiennent de l'Astre ou ouurier interne, & nõ de l'externe; les Astres externes n'apportẽt aucune inclination ny necessité à l'homme: car c'est la verité que nous ne tenons pas nos mœurs, proprietez, ou conditions de l'ascendant, ou constellation des Astres; c'est pourquoy la raison humaine doit regir & gouuerner les Astres; or puis que nous ne tenons pas ces choses des Astres, comme i'ay desia dit, il faut necessairemẽt que nous les tenions de la main de Dieu par vn certain miracle de vie; & puis que les Astres ne peuuent encliner les mœurs humaines, il faut dire que l'homme encline les Astres, influant en eux des mortelles impressions par le moyen de sa magique imagination: car si nous, enfans, ne donnions occasion à nostre grand Pere Celeste de s'irriter contre nous, comme nous faisons ordinairement par l'enormité de nos pechez, il demeureroit doux & bening enuers nous; I'en appelle à tesmoing Paracelse, *In Paramiro lib. 2. de Origine Morborum cap.* 7. Car le cours externe du firmament & de ses constellations est libre sans qu'il soit gouuerné d'aucun; de mesme le cours du firmament & estoilles du Microcosme (lequel ne se paracheue point materiellement, ains par les esprits des corps) ce cours dis-ie est aussi libre auec ses constellations, sans qu'il endure la domination du firmament externe : car comme le soleil ou l'air ne peuuent pas mettre dessus l'arbre vne pomme ou poire, il faut necessairement qu'elle croisse, & soit produitte depuis le centre iusques à circonference, par le moyen de l'Astre, ou Ciel interne ; Or puis que cela ne se peut en ce fait, à plus forte raison le Ciel superieur externe n'aura le pouuoir d'influer aux vegetans, neantmoins les fruicts des Astres, ou semences celestes aëriennes, terrestres, & aquatiques, ont conspiré & aspiré en vne republique, comme citoyens d'vne mesme anatomie, à raison dequoy par vne aggreable vicissitude de societé, ils se fauorisent les vns les autres. Et cela est ceste chaisne d'or si souuent chantée ; la societé de la nature, tant visible qu'inuisible, le mariage du ciel & de la terre, l'anneau de Platon, la philosophie cachée parmy les plus difficilles secrets de la nature, pour laquelle nous sçauons que Democrite, Pythagoras, Platon, & Apollonius, se sont acheminez iusques aux Brachmanes & Gymnosophistes, voire plus outre en Egypte, iusques aux colomnes de Hermes ; doncques cest estude a esté le vray estude des anciens Philosophes, lequel (conduits neantmoins par quelque diuine inspiration) semble qu'ils eussent naturellement acquis

Les anneaux Platoniques, & la chaisne Homerique, ne sont autre que l'ordre & la disposition des choses seruants à la prouidence diuine par vne graduelle & enchaisnée sympathie des choses.

quis, estude auquel l'infinie, & admirable puissance, & sagesse incomprehensible de nostre Createur reluisent en telle façon, qu'il est impossible de pouuoir assez admirer & prescher l'infinité des mysteres reuelez aux creatures par son inestimable bonté & misericorde.

Mais venons aux trois principes naturels lesquels se treuuent en toutes les compositions; Il est tres-certain que tout ce qui est resolu en corps naturel, demeure aux parties lesquelles il auoit au commencement auant sa composition, si bien qu'il n'y a aucun corps naturel composé, qui puisse estre diuisé en plus ou moins de principes que de trois, c'est à sçauoir en son Mercure ou liqueur, en son soulphre ou huille, & en son sel: car c'est en ces trois, & par ces trois que toute creature est engendrée, & conseruée; & de fait la tres-saincte Trinité par sa trine parolle, c'est à dire par son *Fiat*, a creé toutes choses, tesmoing de cecy la trine Annalisie spagyrique: Dieu par sa parolle *Fiat*, a produit la matiere premiere, laquelle est triple à raison des trois principes: mais ces trois separez sont par apres subdiuisez en quatre corps diuers, sçauoir aux quatre elements, ne plus ne moins que si vn artisant bien expert reduisoit le plomb en minium, ceruse, verre, & esprit de Saturne; de mesme le monde auec tous les corps creés, n'est autre chose qu'vne fumée espoissie, & condensée par les trois substances cy-joinctes, sçauoir par le ſoulphre, ſel, & Mercure, d'autant que ces trois choſes ſont la matiere de laquelle tous les corps naturels ont eſté faits, ce que ſans aucune cõtradiction ſe peut preuuer & monſtrer par les ſpagyriques: car au bois verd il y a trois eſpeces d'humidité, deſquelles la premiere eſt aqueuſe reſpondante au Mercure fugitif, laquelle empeſche le bois de bruſler. La ſeconde eſt grandement craſſe & huilleuſe, par le moyen de laquelle la flãme s'empare du bois, & celle-cy reſpond au ſoulphre; ces deux ſont totalement conſumées par le feu; Il reſte la troiſieſme & derniere, laquelle eſt le ſel & demeure en fort petite quantité aux cendres, tres-ſubtil neantmoins & eternel; de meſme auſſi la cauſe du corps humain materiel, eſt ceſte triple terre, ſçauoir Mercure, ſel, & ſoulphre; or trois choſes ne ſont pas ſans qu'elles conferent & contribuent au corps humain, autrement elles ſeroient vaines, ce que ne peut eſtre: dõc le ſel, à cauſe de ſa coagulation, donne la ſolidité, couleur & gouſt au corps, le ſoulphre par vne benigne commixtion, tempere la coagulation, donne les vertus, les proprietez, & les ſecrets par vne aſſiduelle irrigation de la liqueur vitalle & vegetatiue, conſeruant par la frequence des actions les deux premiers, leſquels de leur nature courent à la ſiccité, & par vne ſubſtance coulante & liquide rend faciles toutes ſes mixtions. Ces trois principes des corps, ſont diſtincts & differents, quãt à leur office & proprieté, à cauſe de la mixtion

Le ſel ou mumie eſtant oſtez, la choſe eſt propre & diſpoſée à la generation des vers.

tion des vertus, quoy qu'ils donnent aux sens vne substance similaire & homogenée. Quelques Theophrasticiens lesquels se sont plus profondez dans les causes des choses naturelles, ont coustume d'admettre vn quatriesme principe, outre les trois precedents, qu'ils appellent esprit, lequel se peut retirer, tant des vegetans que des mineraux: toutesfois il ne peut estre tiré des animaux, & moins encore soubmis à cause de la subtilité de l'ourier: car cela estant, le soulphre seroit correspondant au feu, le sel à la terre, le Mercure à l'eau; & l'esprit à l'air. Mais quis que nous sommes aux elements il ne sera pas mal à propos s'il me semble d'en dire vn mot selon la traduction de P. Seuerinus, lequel asseure que les vrays elements, tout à fait spirituels, sont comme la garde, la nourrice, le lieu, la miniere, matrice, & receptacle de toutes les creatures, voire il passe plus outre: car il dit qu'ils sont l'essence, l'existence, la vie, & les actions de tout ce qui a estre en general. Quāt aux lieux ils ne sont concedez en vain, veu qu'ornez de leurs proprietez donnent la vie & alimentét à leur contenu, c'est à dire à leur semences, affin qu'elles puissent produire de soy-mesme les choses lesquelles sont obseruées & remarquées dans le thresor de leurs entrailles, distribuées neantmoins en deux globes, sçauoir au globe superieur, lequel est le feu, le firmament, ou l'air, disposez en façon de la coque, & blanc d'vn œuf, entourant le iaune, lequel nous monstre la dispo-

L'esprit de Dieu sur les eaux.

 sition

sition du globe inferieur, sçauoir de l'eau & de la terre, en ces quatre natures incorporées, & vuides (remplies vne fois & pour tout temps de la benediction de Dieu) le souuerain Createur a imposé la lumiere, & vertu seminalle de toutes choses, laquelle ne sçauroit perir estant asseurée d'vne incomprehensible magie tirée des thresors eternels de la diuine sapience, par la vertu de sa parolle expliquant la multiplicité vnie de l'esprit qui estoit porté sur les eaux, ayant conioinct les principes des corps, desquels il deuoit estre affublé & domicilié, tandis qu'il seroit errant sur ceste machine ronde: car dans les thresors inuisibles des elements, les astres & semences (liens des choses naturelles) sont cachées & logées, comme dans vn abysme depuis le commencemẽt de leur creation, à cause que les visibles deuoient estre conioinctes aux inuisibles, & les superieures aux inferieures: destinées neantmoins aux laps du temps, par le moyen desquelles semences les elemẽts conspirent & sont d'accord, d'où arriue le maintien de la sympathie naturelle & administration de la prouince mondaine affectant l'eternité par vne nouuelle addition de substance. A la verité par ces semences, d'autant qu'elles ont expliqué & monstré le deuoir des elements, il est mal-aisé d'acquerir la cognoissance des elements; & tout ainsi comme les semences de l'element sont conioinctes, de mesme aussi les principes, semences des corps, compagnes inseparables, entées

Genese chap. 1.

ou

ou presſees par vn nœud indiſſoluble, ſont conjoinctes, & par vne diuerſité de dons, inſtruictes à la Lyturgie des generations : car les ſemences & principes des choſes ont tiré leur puiſſance generatiue & multiplicatiue de la vertu de la parolle de celuy, aux commandements duquel toutes choſes ſont contrainctes d'obeyr ; Et ne plus ne moins que les ſemences ne ſe peuuent ſeparer des elements par aucune ſubtilité d'eſprit ; de meſme les principes, par quel artifice que ce ſoit, ne peuuent eſtre parfaictement ſeparez des corps, y eſtant joincts par les loix de la nature. En ce lieu il faut auſſi remarquer qu'il y a quelques corps elementaires, leſquels ſont doüez d'vn plus grãd nõbre de proprietez, deſtituées cependant des ſecrets, cõme n'ayant aucun inferieur, d'autant que ce ſont tant ſeulement qualitez locataires, auſquelles n'y a aucune puiſſance ou vigueur pour guerir les maladies ; mais quelques corps changent la proprieté des ſemences, ayants des teintures auſquelles combien que la frigidité, calidité, humidité & ſiccité ſe rencõtrent : toutesfois les actions ne procedent pas deſdites quatre qualitez ; ains ſeulement s'y rendent aſſiſtantes ; comme compagnes, à cauſe de leur preſence. Or en ces corps on n'a pas grande difficulté de faire la ſeparation des vertus auec ce qui eſt inualide, & du pur à l'impur, quant à nos elements viſibles, ſçauoir l'air, l'eau, le feu, & la terre, ſont la vraye matiere, productrice, & receptacle de toutes choſes, & les

Hyppocrate liure *de Antiqua Medicina* παντας ἀπο δυναμεων.

fruicts des semences necessaires, par leur perpetuelle fluidité & irrigation aux generations des autres elements : toutesfois on ne sçauroit nier qu'ils ne soient composez des trois premiers principes, d'autant qu'ils se peuuent resoudre en iceux, & ces trois principes ja mētionnez se treuuent en chasque matrice, & en tous les fruicts de chasque matrice.

Les os & la chair aux animaux nous representent la terre, & les esprits vitaux le feu : mais les humeurs sont vne claire demonstration de l'element aquatique.

Mais venons aux parties de l'homme, & premierement à la plus noble, laquelle est l'ame raisonnable ; or ceste partie n'est autre chose que le feu, element celeste en l'homme; les parties solides ou spermatiques, sont la terre ; les humides, comme le sang & le reste des humeurs sont proprement appartenantes à l'element aquatique ; quant aux dernieres parties lesquelles semblent estre vn vuide, c'est l'air, où il ne se treuue aucune substance du corps : toutesfois il se faut prendre garde (comme il a esté desia dit) que par ces choses il faut entendre les elements elementez: car les vrays elements sont spirituels, parce que iusqu'aux moindres semences imitent l'humaine œconomie, monstrant & representant l'analogie ou figure des elemēts, ou des principes. Et c'est en cette façon que nous confessons que les elements sont en toutes choses meslez & cōseruez par la faueur du baulme ou teinture radicalle, & par ainsi l'eau mesme accompagnée des autres elemēts par la fecondité d'vne multiplication, nourrist ses semences : cecy toutesfois iusques à present rapporté par Seuerinus suffise, parce qu'il

qu'il pourroit offusquer la veuë de ceux lesquels ne lisent pas auec attention, ne plus ne moins que si on leur auoit ietté du sable dans les yeux : toutesfois nous adiousterons vne plus claire doctrine des elements : car le vray & philosophique medecin apprend à cognoistre son origine, deslors qu'il s'estudie à la cognoissance des quatre elements, ou pour mieux dire des quatre colomnes du monde; & ainsi par la fabrique externe, il arriue à la cognoissance de l'interne; c'est à dire à la vraye anatomie du grand & petit monde, où le cercle de l'air entourne la terre & l'eau; & les neuf spheres, ou firmament auec toutes leurs estoilles, sont le feu : toutesfois on ne sçauroit preuuer en façon quelconque que les vrays elemẽts auec leurs propres astres soient visibles ou sensibles, d'autant qu'ils sont de mesme façon que l'ame dans le corps: or est-il que l'ame dans le corps est insensible, doncques aussi les elements propres le doiuent estre dans leur centre. Quant aux corps des elements, ce sont choses mortes & tenebreuses : mais l'esprit est la vie, lequel est diuisé en Astre, donnant de soy-mesme ses fruicts & accroissement, & tout ainsi cõme l'ame est distincte d'auec le corps, quoy qu'elle habite dans luy, de mesme façon aussi ces elements spirituels en la separation de toutes choses, ont d'eux mesmes produict des corps visibles : la chaleur potentielle separe les estoilles de soy, ne plus ne moins qu'en la terre les herbes separent les fleurs d'auec elles,

Toutes les creatures ont esté formées des elements: car les animaux sont attribués à l'air, les vegetans à la terre, les mineraux à l'eau, quant au feu nous disons qu'il donne la vie à toutes choses.

Les elements sont la matrice de toutes choses.

les, l'humidité est separée & distincte de l'air, la froideur de l'eau, & la siccité de la terre; c'est à dire que le corps de la terre est produict par l'element de la terre, le corps aquatique par l'element de l'eau, & par l'element de l'air; le corps aërien a esté fait & produict en sa nature; de l'element du feu est sorty le feu, lequel a esté formé en sa substance, c'est à dire ciel visible; en fin des corps elementaires les vegetans & croissants prennent leur source, desquels comme en dernier ressort, par la mediation des Astres, prouiennent les fruicts: car il n'y a aucun corps visible qui soit de soy, ou par soy, ains de son Astre, ou element inuisible; du corps du feu les Astres visibles ou estoilles du firmament ont tiré leur origine; doncques le feu est la nourriture, & la cõseruation des estoilles, tesmoing de cecy le Nostoch, lequel vist du feu, & produict le feu, quoy qu'apres il soit changé en matiere mousseuse aux parties inferieures de l'air, c'est à dire sur la terre; du corps aquatique croissent les metaux, sels, & mineraux; du corps terrestre sortent les arbres & les herbes; & nos elements visibles sont les corps & domicilles des autres inuisibles, empeschans, & retardans leur force: car tout ce qui est conjoinct à vn corps visible, suffoque & empesche la force, puissance, & operation de l'esprit interne. La terre est diuisée en deux, sçauoir en l'externe visible, & en l'interne inuisible; quant à l'externe, elle n'est point element pur, ains seulement le corps de

Tout ce qui est produict, ou croissant, est different & separé de sa matrice generante, comme le poisson de de l'eau.

Le mesme qui produit quelque chose l'alimente & le conserue: Et par ainsi le haran tiré hors de l'eau meurt soudainement.

Les medecins & Theologiés doiuent suiure infailliblement ceste reigle.

de l'element, qui n'est autre chose que le soulphre, le Mercure, ou le sel. * Mais l'element de la terre, c'est la vie, & l'esprit auquel sont les Astres de la terre produisans les vegetans, moyennant le corps terrestres : car quoy qu'il semble que la terre soit comme morte, neantmoins elle contient les semences, ou vertus seminalles de toutes choses ; c'est pourquoy elle peut estre dicte animée, vegetante, & mineralle, laquelle secondée des autres elements, est de soy mesme genitrice de toutes choses ; ainsi les arbres, herbes, grains, fleurs, graines, potirons ; en fin tout ce qui croist en terre, ou de la terre, sont corps des Astres terrestres, & fruicts de terre, lesquels portent leurs fruicts moyennant l'Astre inuisible, comme sont les fleurs, poires, pommes, &c. & vn chascun de ces fruicts en particulier, est encore Astre & semence. L'eau est aussi diuisée en deux parties, sçauoir en son corps, lequel n'est autre chose que le Mercure, soulphre, & sel, & en son element qui est la vie & esprit, auquel les Astres de l'eau sont contenus ; lesquels à l'imitation d'vne vraye mere) produisent du plus profond de leur abysme tous les mineraux, sels, metaux, pierres precieuses, sables, & toute sorte de fruicts aquatiques, lesquels neantmoins sont retirez du centre de la terre : car quel element que ce soit enfante & produict ses fruicts par tout, voire aux regions les plus loingtaines & estrangeres, d'où arriue par vne belle prouidence que toutes choses retournent

* La terre de soy est morte : mais l'elemẽt est la vie occulte & inuisible.

La force de l'eau est telle, que sans icelle la regeneration spirituelle ne peut estre faicte, comme tesmoigne Iesus Christ parlant à Nicodeme.

tournent en terre, comme si elles vouloient inuiter sa fecondité; de mesme les fruicts du firmament sont paracheuez en l'air, lequel les communique au globe inferieur; comme nous voyons en la neige, laquelle engendrée par le feu se treuue neantmoins en l'air, & en la terre. Les fruicts de l'air procedent & viennent depuis le centre iusques à la circonference, en laquelle ils treuuent leur entiere perfection & coagulation; les semences de l'eau enfantent dans le caue sein de la terre: tendans neantmoins en apres à la superficie. Mais la terre porte & met ses fruicts en ceste circonference, en laquelle nous vegetons & viuons: car le grain qui a esté produit dans la terre, est cueilly en l'air dessus la face de la terre; de mesme les procreations vniuerselles de tous les elements, de leur franche volonté accourent à la prouince humaine; comme au but de leur desir, & par vne benigne irrigation elles assistent & portent faueur à toutes les parties de la nature; aussi nous voyons par vn irrefragable decret de la loy eternelle, que l'eau ne produit iamais d'auantage que la terre ne peut nourrir, l'air fomenter, & le feu consommer; de mesme aussi l'air est diuisé en deux: car il a son element en soy comme habitant & inquilin, & celuy-cy est le bausme de toutes les creatures, & la vie des trois autres elements; Aussi Dieu n'a crée aucun autre element plus subtil, d'autant qu'il vist de soy-mesme, & donne la vie à toutes choses: car sans iceluy il seroit impossible que

Nostre feu n'est pas elementaire, puis que comme la mort il consume tout.

Le ciel est le quatriesme & premier element, cōtenant en soy tous les autres, de mesme que la coquille cōtient l'œuf. Aucun element ne peut estre priué d'vn autre: mais l'assemblage & la cōnexion de tous les quatre se rencontre en la generation de chasque chose

Paracelse in Paramiro de Ente astrorū, dict que la creation de l'air a precedé la creation de toutes les creatures.

que la terre, l'eau, ny le firmament peussent produire leur fruict, voire le feu ne sçauroit brusler, si l'air luy vouloit desnier sa faueur accoustumée; que si le feu ne pouuoit brusler à plus forte raison aussi les excrescences du feu, c'est à dire les estoilles du firmament ne pourroient faire voir leur brillante clarté. Semblablement le feu ou firmament est diuisé en deux: car il a son element en soy comme habitant inseparable, & cet element contient en soy tous les Astres & semences: car le feu elementaire ou firmament corporel a de soy enuoyé & produit les corps des estoilles, du soleil, de la lune, & du reste des planettes: mais comme les herbes tiroient leur accroissement de la terre, & demeuroient en icelle; de mesme aussi au temps de la creation les estoilles croissoient & demeuroient au firmament, nageant dans leur cercle, ne plus ne moins que les oyseaux en l'air. Mais quelqu'vn peut estre me demandera que sont les douze signes du Zodiaque celeste, ou le reste des estoilles: auquel ie respons n'estre autre chose que les fruicts du feu prouenans de l'Astre inuisible du feu: car d'autant plus le firmament est subtil, que la terre, d'autant plus aussi ses fruicts surpassent en operation & subtilité les fruicts des autres trois elements. Les sept gouuerneurs du monde, c'est à dire les sept planettes, sont fruicts du feu, separez neantmoins de l'element du feu; & ont pris leur accroissement par la mesme separation, ne plus ne moins que

Toutes choses humides sont attirées de la terre par le soleil & consumées en l'air, les fruits desquelles auec leur especes sont *Terrenjabin* de la manne.

Tout ainsi comme la varieté des fleurs fait vn ciel des prairies, de mesme aussi la varieté des estoilles fait vne prairie du ciel.

que les fleurs, & les herbes: quant aux fleurs, elles demeurent immobiles en leur place, ce que ne font pas les estoilles: car par la prouidence diuine elles marchent dans leur feu, & sont vagabondes par leur cercle, de mesme que les poissons en l'eau, ou les atomes en l'air: prenant neantmoins leur nourriture du ciel, & au ciel, elles sont aussi diuisées en deux, cõme le reste des creatures: car nous voyons librement leur corps, comme si c'estoit vne chandelle luysante: Mais l'Astre ou esprit syderique est inuisible à nos yeux trop materiels; de mesme le corps solaire que nous voyõs n'est pas propremẽt le soleil: mais c'est l'esprit, lequel est enclos & caché dãs le corps solaire, qu'est le soleil. Or le mesme faut-il entendre de l'homme que de toutes les choses susdites: d'auantage, l'Astre ou esprit inuisible desdits quatre elements, est la semence des quatre matrices, & iamais ne se treuue seul: car auec le corps se rencontre tousiours l'Astre, si bien que le visible n'est iamais separé d'auec l'inuisible, & le corporel croist & prend son augmentation du spirituel, & demeure en luy & auec luy, & par ce moyen les vertus inuisibles, les semences, & Astres sont dilatées en mille & mille façons, moyennant le visible corporel, ne plus ne moins que le feu, lequel prend son augmentation par le bois, ou matiere conuenable, d'où sort tousiours nouueau feu à proportion que l'aliment luy est donné. Mais venons aux Anges, lesquels ne peuuent prendre, ny auoir aucune augmentation, la raison est, parce que l'augmentation procede du corporel (comme nous auons desià dict) voila pourquoy ils ne sçauroient auoir l'augmentation, laquelle est concedée aux hommes à cause de leur corps ; & c'est par la mediation d'iceluy, que toutes les creatures vegetatiues & sensitiues, comme sont les herbes, arbres, poissons, oyseaux & autres animaux, peuuent receuoir l'accroissement : car la semence, ou astre destitué de corps, ne sçauroit exercer aucune operation, veu que tout aussi-tost qu'ils viennent à mourir, ou pourrir dans leurs matrices, l'astre reprend vn nouueau corps & se multiplie : ce que Dieu mesme monstre en l'Euangile, lors qu'il apporte l'exemple du grain de froment, lequel jetté en terre pourrit, & par sa mort il donne beaucoup de fruit ; & d'autres grains lesquels ont la mesme vertu productiue que le premier, duquel ils ont prins leur origine : car la putrefaction consomme & separe l'ancienne nature par la generation d'vn nouueau fruict. A raison dequoy la vie eternelle ne peut estre concedée à aucun corps, qu'au preallable il n'aye ressenti la cruauté de la mort, parce que de la mort depend la glorification, & acquisition de la vie eternelle ; & tout ainsi comme la corruption cause vne nouuelle generation, & substance diuine, de mesme aussi est-il necessaire que les herbes & medicaments perdent leur vie premiere, affin que par la putrefaction & regeneration (moyennant l'aide du mede medecin Chymiste) ils puissent faire acquisition de la vie seconde, en laquelle les trois principes auec leurs vertus occultes necessaires au medecin, se manifestent: car sans la regeneration il est impossible d'auoir aucun secret de medecine, consistant sans la complexion d'aucune qualité que ce soit; voila donc pourquoy par la cognoissance du monde externe le philosophique medecin paruient à la cognoissance du corps physique de l'homme, lequel prend sa nourriture de la terre, & du corps celeste ou syderique viuant du Ciel; outre ce il cognoist que le corps physique n'est autre chose que le soulphre, sel, & Mercure: car (comme i'ay desia dict) tout corps est composé d'iceux, voire il paruient iusques là, que de voir clairement, que tous les corps lesquels admettent l'accression, prennent leur source, non des quatre corps visibles, ou quatre humeurs, mais de la semence inuisible.

L'anatomie des maladies du corps doit estre tirée des astres internes, ou des impressions causantes, estant plus vtile au medecin, que la locale des cadaures.

Quant à la cognoissance des maladies & remedes elle ne prouient pas de l'anatomie locale du Microcosme, ains de l'anatomie conioincte & entée, du grand & petit monde; d'autant que les membres du Macrocosme sont les remedes propres pour les infirmitez du Microcosme; & c'est par vn certain accord de l'anatomie interne & externe: non pas toutesfois que ie vueille dire, que ce soit par vne opposition des degrés. Et tout ainsi comme l'anatomie de l'homme & de la femme ont vne certaine correspondance ensemble, de mesme aussi l'anatomie de la maladie, & du

& du remede, sont semblables. Et de mesme qu'en l'homme se treuue l'homme & la maladie, de mesme aussi en la medecine se treuue l'homme & la medecine. Et iaçoit que nous cognoissions les secrettes vertus des herbes, ou estoilles du Ciel medical, toutesfois il est necessaire que le medecin sçache la concordance & sympathie de la nature; c'est à sçauoir comment l'astre de la medecine ou ciel magique se peuuent accorder auec l'olympe interne ou astre de l'homme, d'autant que par ceste seule similitude d'anatomie, la Mumie arreste l'hemorrhagie, & le rossignol (subiect aux maladies des aragnées) est remis par la frequente comestion d'icelles; parce que l'externe agist à l'interne. Et tout ainsi comme il est au grand monde, de mesme est-il au petit: donc celuy qui cognoist les vegetas, fruicts de terre, herbes, & arbres (d'autant qu'ils prouiennent de la semence ou astre inuisible) il est certain de cognoistre la varieté des maladies du corps physique, lesquelles ne prouiennent pas des quatre feintes humeurs, ou qualités; ains plustost de la semence analogique du grand au petit monde: car il y a autant d'especes de maladies, qu'il y a d'especes, corps, & semences des vegetans, ou crescitifs, & personne ne sçauroit atteindre le nombre des maladies, qu'auparauant il ne sçache le nombre desdits vegetans & crescitifs: car les semences, astres celestes, aëriens, aquatiques, & terrestres (lesquels en certain temps produisent leurs fruicts vrays messagers de la santé

L'Anatomie est le fondemẽt des vrays medecins, des maladies, & des choses.

Cause & subiect des maladies.

Plusieurs maladies viennẽt des mineraux du Microcosme, qui contient en soy toutes choses, d'où sortent plusieurs maladies.

L'origine des maladies viẽt des trois premiers ausquels les astres peuuẽt imprimer quelque chose, comme le feu au bois, ou à la paille, ou comme le saffran à l'eau.

ou maladie) accordés aux elements de l'humaine nature, sont fomentés & entretenus; doncques en ceste façon les trois principes sont cause de toutes les maladies: car le corps auquel les trois principes, par bonne vnion, sont d'accord, peut librement estre appellé sain, comme au contraire (si toutesfois la santé doit consister à la temperature) à celuy auquel ils sont discordans, on peut dire auec toute asseurance que la racine de la mort premiere commence d'y establir son fondement. Quant aux maladies hereditaires, produictes de la semence ou astre, elles sont en partie appellées Elementaires, se manifestans par les qualités chaudes, humides, & froides: Et en parties astrales ou firmamentales, & celles-cy sont celles lesquelles tirent leur origine du firmament de l'homme, auquel elles sont contenuës, de la mesme façon que les elements; & tout ainsi comme l'aliment du corps visible prouient de la terre, de mesme aussi l'aliment de l'homme spirituel (qui est habitant de la maison externe ou inuisible) croist de l'air, du feu & du firmament externe, c'est à dire du feu du firmament, ne plus ne moins que le reste des arts, ouurages, langues, & facultés: car le ciel est le docteur, & pere de tous les arts, excepté de la Theologie & de la Iustice, lesquelles ne sont point enseignées par les astres, ains immediatement par le sainct Esprit; la raison est, parce que tous croyants regenerés sont incogneus aux astronomes (comme enseigne fort bien Paracelse en son exacte

Les maladies elementaires doiuent estre gueries par des remedes elementaires, les astrales par des astrals.

Les Galenistes n'entendent rien à ces remedes astraux cogneus & entẽdus par l'expert medecin. La mort monstre que l'hõme est miparti en deux parties, externe, & interne. En l'interne qui est la poudre & la terre, la semẽce & matiere de la maladie y est cachée, auec ce qui nous tourmente, & partant il la faut tirer de semblable medecine, & la separer spagyriquement de ses impuretés & excremens.

exacte Philosophie:car tout ainsi comme l'aymant attirant le fer,succe l'esprit dudit fer,& laisse la roüilleure, de mesme l'homme a vn double aymant,à raison de son corps:car il attire à soy les astres,desquels il succe sa vie, de mesme façon que les frelons des fleurs & herbes attirent le miel.Par vie en ce lieu icy i'entens la sapience mondaine,les sens,& les pensées,& par sa force attractiue il attire sa nourriture & substance des astres ; & tout ainsi comme l'element attire les corps elementaires par la faim,& la soif,de mesme l'esprit sydérique de l'homme attire tous les arts,sciences, facultez & sagesse mondaine des rayons celestes:car le firmament est la lumiere naturelle,laquelle naturellemét influe toutes choses à l'homme. D'auantage les astres ou elements spirituels sont ἄποια, c'est à dire, impuissants,& sans aucune des qualités,soit froide,humide, seiche, ou chaude ; & toutesfois ils sont produits desdites qualités : car de la terre il prouient le pauot, opium, & lolium, d'vne nature froide ; de la mesme terre aussi est produicte la Flammula,Persicaria, plantes chaudes ; du feu sont faicts & formés la neige,pluye,rosée, l'arc-en-ciel,ou iris,les vents, les tonnerres,la gresle,les esclairs, & semblables impressions metheoriques,produictes par le firmament fauorisé des trois principes ; car selon Paracelse, ce ne sont autre chose que fruicts ou deffauts des estoilles du firmament; voire plus ils sont fruicts des astres, lesquels ont le pouuoir de rendre visible l'inuisible ;

L'homme interne, astral a aussi ses medicaments cogneus à la medecine acquise.

Ce qui est produit par quelque autre doit estre cõserué, nourri,viuifié, gueri,alteré & destruict par le mesme qui l'a produict.

 d'autant

d'autant que les estoilles portent leur fruict, de la mesme façon que les arbres terrestres ; d'où il appert que les maladies ne se guerissent pas par leur contraire : car la chaleur ne chasse pas le froid ; autrement il faudroit dire que les elements lesquels sont en l'homme, deussent estre dechassés. Or si les maladies ne se guerissent par leur contraire, il faut conclurre, qu'elles sont gueries par les secrets ou astres reduits en leur premiere matiere par l'industrie du medecin Chymique, lesquels secrets ne sont actuellement froids ny chauds: & toutesfois coupent la maladie, ne plus ne moins que la hache coupe l'arbre laquelle n'est ny froide ny chaude de sa nature, à laquelle les quintessences, & magisteres sont semblables.

Maintenant nous traicterons auec l'ayde de Dieu, de la generation, dignité, & excellence du Microcosme.

La cognoissance de Dieu est tres haute & tres-vtile, comme aussi la cognoissance de soy mesme, & son mespris. Luc.16. Paul. 2. aux Corinth.4. Ioan. 14. sect. 17.20.

LA vraye & parfaicte Philosophie qui esclaire plus nos esprits, c'est la cognoissance de nous mesmes: mais au contraire (si nous voulons adiouster foy à la sapience) l'oubly de soy-mesme est la plus grande & pestilencielle maladie, qui puisse arriuer à l'esprit d'vn homme ; ce qui est confirmé par le grand Trismegiste *ad filium Tatium*, lors qu'il dit que l'ignorance est le premier, le plus grand ennemy, & le plus seuere Tyran qui nous puisse

atra

attaquer; Ah! (s'escrie-il) mal-heur à toy hõme, qui ne tiens compte du talent & supreme heritage, qui t'a esté donné en depost par le ciel! miserable ne penses-tu pas qu'vn iour l'on te demandera compte de ces precieux thresors, qui t'ont esté mis entre les mains? Quoy, es-tu si hebeté que de ne te point prẽdre garde, que tu as ton Dieu dans toy-mesme? Dieu, dis-je, lequel ne peut estre compris de tout le monde: ne sçais-tu pas qu'il est plus proche de nous que nous mesmes; d'autant que l'esprit de Dieu habite au milieu de nostre cœur? Et en verité ie pense, que nous ne sçaurions apprendre vne plus belle science durant ce cours mortel, que celle-cy, Γνῶθι σεαυτόν, aye la cognoissance de toy-mesme; donc c'est auec vne grande doctrine, pleine de pieté, de laquelle se sert Agrippa: (prinse neantmoins au frontispice des portes du temple de l'oracle d'Apollon en Delphes) lors qu'il dit, que le vray chemin de la sagesse, & beatitude eternelle, n'est autre que la cognoissance de soy-mesme; d'autant que la vraye & reelle possession de toutes les choses naturelles est en l'homme, voire d'auantage: car l'hõme est la vraye & particuliere image du souuerain createur: dõcques la premiere cognoissance du createur, en laquelle cõsiste la vraye sapiẽce & beatitude, doit estre prinse en nous-mesmes; & en ceste façon l'homme se cognoissant soy-mesme, est comme vn beau & diuin miroir, dans lequel il void & entend toutes choses; à raison dequoy Dauid au

La premiere cognoissance de Dieu est de sçauoir qu'est-ce que l'homme. Augustin. ps. 39. qui se cognoist, cognoist Dieu, parce que Dieu ne veut habiter en aucun lieu sinon en l'homme, auquel il se faict grandemẽt paroistre.

Nous voyons Dieu interieurement 139. sect. 14.

pseaume 139. chantoit ces belles parolles, Seigneur, ta science s'est renduë admirable en moy. Au contraire ceux lesquels par la crassitude de leur ignorance sont reduits à ce point, que de ne se cognoistre point, ne sçauroient en façon quelconque auoir l'intrinseque & essentielle cognoissance d'aucune chose, quelle qu'elle soit ; ains (comme vn animal destitué de raison) tout ce qu'il cognoist hors de soy, demeure hors de soy: car quelle cognoissance que ce soit (soit qu'elle aye esté infuse du ciel, ou acquise par le labeur de l'esprit humain auec vne grande diligence) elle demeure à iamais en l'ame (celle-là toutesfois exceptée, laquelle est subiecte à l'oubly) d'autant qu'elle a esté receuë interieurement dans l'intellect, par vne essentielle cognoissance. Mais ceste essentielle & intrinseque cognoissance ne prouient pas de la chair ou du sang, ny de la lecture d'vne quantité presque innombrable de liures, moins encor de la rotine aux experiences, ou de la vieillesse, ou des persuasions humaines & disputes; d'autãt qu'elle est située en la passion des choses diuines ; doncques l'entendement de l'homme ne se perfectionne pas en qualité d'agent; ains de patient aux choses diuines, ayans leur siege en la cognoissance ; parce que nous sommes comme composez de tout, & portons toutes choses en nous-mesmes, ne plus ne moins que Dieu mesme, duquel nous sommes enfans ; & partant comme tels deuons tout posseder esgallement auec nostre pere. Donc tous les biens

Denis au liure des noms diuins. Ioan. 14. sect. 11. 12. Ioã. 3. Ioan. 4. sect. 17.

tant

tant naturels que surnaturels, sont au commencement en l'homme: mais comme ce diuin charactere qui est en nous s'obscurcit par le peché, de mesme aussi il resplendit d'auantage par l'expiation d'iceluy. En nous, & auec nous à esté creée la cognoissance de toutes choses, lesquelles sont cachées aux plus secrettes parties de l'esprit; en fin il me semble que le moins que nous puissions faire, c'est d'abandonner le lict, & nous esueiller, affin que nous voyons, tentions, & croyons que les dons de Dieu nous sont presents; parce que l'intellect de l'homme est capable des plus grandes disciplines & sciences; voire (selon l'opinion de Platon) il est plein de science auparauant qu'il soit joint au corps materiel; toutesfois il semble que ladite science soit cachée par l'oppression du corps, ne plus ne moins que le feu dessous les cendres, lequel ne sçauroit esclairer en façon quelconque, qu'au preallable il ne soit descouuert: aussi l'intellect ou ame intellectuelle ne peut estaller ses precieux thresors, si elle n'est comme esmeuë par les susdictes humeurs, lesquelles luy seruent d'organe pour exercer ses fonctions: car si tous les thresors de la sagesse, tant terrestre que celeste, n'estoient auparauant en nous, il sembleroit que Dieu se mocqueroit de nous, lors qu'il nous commande de chercher, & de faict, que treuuerions-nous, s'il ne nous auoit rien donné? Donc par la vraye cognoissance de nous-mesmes (guidez par la lumiere, tant de l'esprit, que de la nature)

Dieu est cogneu lors que la lumiere de la foy est bien cogneuë Apocal. 3. sect. 27.

nous treuuons la porte de nous-mesmes ouuerte, laquelle se rend facile pour ouurir à nostre Createur : toutesfois & quantes qu'il frappe la porte de nostre cœur, si bien que sans mandier aucune faueur estrangere nous treuuons dans nous-mesmes toutes choses necessaires, tant pour la vie & sagesse presente, que pour l'eternelle ; d'autant que par la serieuse contemplation, & cognoissance de soy-mesme, on paruient sans aucune difficulté à la vraye cognoissance de Dieu, parce que ces deux cognoissances sont tellement concomitantees, qu'elles ne peuuent estre l'vne sans l'autre, d'où vient, que l'homme par la cognoissance de soy-mesme, acquiert sans peine la cognoissance de celuy qui est ; veu mesme que nous y sommes obligez chascun en son particulier, selon la portée de la capacité, qui nous a esté donnée par la faueur du Ciel. Sainct Denys asseure qu'il nous est impossible de cognoistre Dieu par sa propre nature, doncques la cognoissance que nous en auons ne prouient d'autre part que de l'ordre & disposition qu'il a produict aux creatures, lesquelles sont ses vrays pourtraicts & images : & celuy qui ne cognoist point Dieu, il n'est aussi par consequent cogneu de Dieu, & qui laisse la cognoissance de Dieu, est aussi delaissé par le mesme ; d'autant que l'ignorance que nous auons de Dieu, est la fontaine & racine de tous mal-heurs ; outre que par la mesme ignorance tous les vices regnent, & prennent leur accroissement : mais

L'homme qui ne cognoit point Dieu est inexcusable, & maudit celuy qui le cognoist & ne l'honore Ioan. 17. sect. 3.

au contraire nous conseruans en innocence & candeur, nous cognoissons toutes choses, & aymons le principe ou cause premiere d'icelles, sçauoir nostre Createur, lequel est la mesme pieté, iustice, sapience, & felicité de l'homme; à raison dequoy il dit auec verité, que la vie eternelle est de cognoistre le Pere, comme vray Dieu, le Fils, & le S. Esprit: en fin toute la tres-saincte Trinité, le culte & adoration de laquelle nous fait viure eternellement. Ceste cognoissance s'acquiert, si nous considerons que Christ est le Fils de Dieu, & qu'il est nay en ce monde; donc puis qu'il est nay, il ne peut estre sans pere, lequel necessairement luy est donné; de ces deux, sçauoir du Pere & du fils, procede la troisiesme personne, c'est à sçauoir le sainct Esprit. Or donc celuy qui cognoist le fils, cognoist aussi le Pere, par ce que ces deux-là ne sont qu'vn, la cognoissance de Dieu est la vraye beatitude, & la vie eternelle: car celuy qui cognoist la diuinité en Iesus-Christ, se rend l'habitation & temple de Dieu, & par ce moyen se Deifie, d'autant qu'il naist de Dieu, & par consequent se rend fils de Dieu; & tout ainsi comme par la cognoissance du monde visible nous arriuons à celle de l'ouurier inuisible, de mesme aussi le Christ visible, ou par la vie de Christ, nous apprenons à cognoistre le Pere, parce qu'il est le seul relatif chemin au Pere: mais comme personne ne peut venir à la cognoissance du Fils, sans estre certain du Pere, aussi il est

D'autant plus qu'on cognoit Dieu, d'autant plus on l'ayme, & d'autant plus fermement on croit en luy, & celuy qui croit en luy par amour luy est conjoinct, & qui est conjoinct auec Dieu, est fait vn mesme esprit auec luy.

est impossible de pouuoir bien cognoistre la machine du monde, si au preallable l'on n'a esté enseigné de par Dieu mesme, d'où l'on peut librement iuger la fauceté des ethniques cayers, touchant la nature, par lesquels la philosophie, & les autres facultez ont esté contaminées & deprauées. Doncques ce seroit en vain de chercher la science de ceux lesquels ont consumé, voire perdu tout leur aage en la seule recherche de la verité, laquelle leur a tousiours esté cachée, quoy que plusieurs d'entr'eux, ayent plustost esté surprins & conduits par ignorance, que par malice; la raison est qu'ils n'ont pas encore ressenty la lumiere de la verité, moins encore la clarté des rayons du S. Esprit, lequel nous monstre que toute philosophie, & vraye science, doit estre fondée en la saincte Escriture, & se doit reduire à Dieu, affin que la semence, laquelle a esté suffoquée par les Gentils, au milieu des espines, où le soleil ne pouuoit darder ses rayons, puisse prendre sa nourriture & perfection parmy les Chrestiens, lesquels ont esté regenerez, parce que la regeneration est l'accomplissement & perfection de tous les arts: donc la vraye philosophie doit auoir son fondement sur la pierre angulaire, c'est à dire Christ: c'est pourquoy nous deuons auoir vn grand soing de ne point permettre les disputes des philosophiques erreurs payennes, auec la verité des raisons de la philosophie Chrestienne: car les seuls Chrestiens, ausquels la verité a esté

La Theologie est vne source d'vne science naturelle & surnaturelle.

esté diuinement infuse, tiennent la semence & voye en la philosophie de Dieu, par la mediation de la regeneration, laquelle a esté tout à plat desniée aux Payens; Aussi c'est aux Chrestiens ausquels est permis de philosopher sans doubte d'aucun erreur; d'autant qu'apres l'infusion du S. Esprit ils sont enseignez de Dieu, pourueu qu'ils ayent vne ferme croyance en luy; finalemẽt toutes choses sont assises en la cognoissance de Dieu, comme en l'vnique thresor de tout le monde, si bien que sãs icelle il est impossible de paruenir à la possession de la vie eternelle: car la foy & l'esperance suiuent immediatement la cognoissance. L'amour est suiuy par l'amour; l'adhesion par l'adhesion; l'vnion a son siege en l'vnion mesme; & la beatitude en la Sapience. Mais retournons à nostre regeneration cachée dans les plus secrets cabinets du silence, laquelle a mieux esté cogneuë par quelques Hermetiques, & autres gens plus de conscience, par la candeur de leur vie, illuminez du S. Esprit, auant le profond mystere de l'Incarnation du Verbe, que non pas des nostres, lesquels sous le nom de Chrestiens ayment mieux estre estimez cognoissans, qu'aymans Dieu; grand miracle que l'homme, l'esprit duquel a esté vny auec Dieu par la mediation de Christ, soit possesseur de la science de toutes choses, & aye l'absoluë cognoissance de tous les secrets de la nature.

In Pœmandro.

1. Ioan. 4. Sapience 1. Ioan. 17.

D'auantage, quiconque se cognoist soymesme, il cognoist fondamentalement toutes

tes choses en soy, voire logé au milieu du tẽps, & de l'eternité, il contẽple fixemẽt Dieu eternel, son Createur & Pere, lequel par vn amour incomprehensible la voulu former à son image & semblance, aussi bien que les Anges, à costé de soy : il void & cognoist les Anges, lesquels luy sont compagnons & semblables, excepté en la subiection du grand & dernier iugement, & en la possession d'vn corps materiel ; dans soy il contemple le grand monde visible, duquel il porte le simulachre : outre ce il void toutes les creatures auec lesquelles il symbolise totallement, & le pere, duquel il a pris sa naissance quant au corps mortel & externe : car la nature a fait present à l'homme volage, inconstant, & vray Prothée d'vn esprit simple & flexible, affin que constitué au milieu de ce monde, s'esleuant au Ciel, fauorisé de la grace diuine, il se puisse regenerer en Ange de repos, ou rampant autour de sa crassitude, degenerer en vraye brute priuée de repos. Quant à la creature raisonnable ayant negligé les paternelles admonitions, auec l'obedience deuë, par la reflexion du milieu à soy-mesme, semblable à vn voleur, a volontairement esprouué (mais a son dam) la nullité de son neant, par le mespris qu'elle a fait de son Createur, & par ainsi abusant de la liberalité & bonté que son pere auoit prodigué pour son proffit & salut, se l'est renduë inuisible & contre soy-mesme, & comme mescontent de son sort à l'imitation de Lucifer, elle a porté son ambition

L'ame fille & image de Dieu. Apocalyp. 22.

Siracid. 15. sect. 14. Ierem. 21. sect. 8.

Gen 2. sect. 17. L'vsurpation du bien d'autruy apporte necessairemẽt deux incommoditez auec soy, sçauoir le larcin du prochain, & celuy de soy-mesme, tous deux accompagnez de la propre mort.

tion si haut, qu'elle n'a point eu de crainte de se bander contre Dieu ; si bien que par vne inesperée metamorphose elle a esté contrainćte d'abandonner le paradis des delices, pour ressentir la rigueur & calamité de ceste vallée de miseres : car le premier homme fut fait auec le choix de son franc arbitre : mais laissant le chemin royal, il se plongea dans le labyrinthe du mal-heur, poussé du desir de la cognoissance du bien & du mal ; ce que le grand Moyse, & apres luy Hermés, demonstrent fort bien, l'homme abbregé du monde, animal admirable, & digne de reuerence à cause de son excellence, a esté fait le dernier, & creé du limon de la terre, ou pour mieux dire de la quintessence de ceste vaste machine visible, qu'intessence qui fut tirée par le souuerain spagyrique, pour l'efformation de ce noble corps ; & de fait personne ne sçauroit contredire que Dieu n'aye tiré le plus subtil, ou l'extraićt du centre de tous les cercles pour le faire, à raison dequoy S. Gregoire de Nazianze en son traićté *de hominis Opificio*, dit que l'homme a esté la derniere des creatures, affin que Dieu peust mettre en abregé tout ce qu'auparauant il auoit espars parmy la grande estenduë de ce monde ; voire en ce petit abregé il a disposé tous les membres du Macrocosme : car tout ainsi comme l'oraison est faićte de l'alphabeth ou des syllabes, de mesme aussi le Microcosme ou limon de la terre, est composé du plus subtil de toutes les creatures,

Le Laps ou coulement est vn deffaut & esloignement de l'vnité à l'alteration.

L'homme a esté creé de Dieu, à fin que le nombre & la ruine des Anges rebelles & desobeïssās fut reparée & leurs sieges remplis.

res, d'autant que le grand sculpteur, Dieu eternel faisoit vn extraict de la quintessence de tout son trauail, duquel il faisoit l'homme, comme estant sa fin; aussi c'est à l'homme auquel gratuitement il a voulu donner la terre pour heritage, comme au fils legitime de la diuinité du costé du corps, c'est à dire du Macrocosme sensible & temporel. Quant à l'ame ou nature immortelle, il porte l'image & vraye signature du monde Archetype, c'est à dire de la sapience immortelle de Dieu mesme; ce qu'est le seul subiect pourquoy les proprietés & facultés de tous les animaux, vegetans, & mineraux ont esté entassez en la fabrique d'iceluy. Outre ce Dieu mesme, & de soy-mesme luy a voulu inspirer vne ame viuante, & immortelle. Il est tres-certain que Dieu de soy-mesme est toutes choses; or est-il que l'homme a esté faict de Dieu mesme; doncques l'hõme, entant que faict de Dieu mesme est toutes choses; aussi la raison pourquoy il a esté faict le dernier, c'est pour monstrer qu'il est la fin & perfection de tout ce qui a esté creé; d'où s'ensuit que l'homme est le lien, le nœud, l'amas ou faisseau de toutes les creatures: car tout ce qui a esté creé par vne certaine ordination, tend à l'homme, l'honorant & regardant comme seul œconome de Dieu, logé dans ce parterre visible; & tout ainsi comme Dieu est le centre & le cercle de tout ce qu'il a produict, d'autant que tout ce que Dieu a faict est parfaict, & par vne certaine circulation tend à son fabricateur originaire. Ie dis que

Psal 8.
Tu as rendu toutes choses subiectes à ses pieds.
Paracelse en excepte les Sages & habitans des quatre elements.

que Dieu est le centre, parce que toutes choses procedent de Dieu, & Dieu penetre toutes les essences : il est le cercle, d'autant qu'il est comme vn grand & vaste tabernacle, qui enclost tout dans soy-mesme:car en Dieu, & dans Dieu se treuue tout, hors duquel il n'y auoit rien, tant auant qu'apres la production des creatures,hors mis ce monde visible;tout de mesme l'homme à l'imitation de son createur, est le centre, & le cercle de toutes les creatures:car toutes choses regardent en luy, non seulement comme à leur capitaine & recteur, pour lequel elles ont esté faictes, ains encore toutes les spheres,& creatures luy influent leurs forces,rayons,operations, & vertus propres, comme estant leur vray poinct, milieu,& receptacle. Vrayement l'homme est dict cercle,d'autant qu'il contient en soy toutes les creatures, & auec soy les reduict à la fontaine de l'eternité, de laquelle elles ont tiré leur source originaire. La premiere image de Dieu c'est le monde ou Macrocosme;celle du monde est l'homme; celle de l'homme est l'animal irraisonnable; & celle de l'animal est le zophite,lequel est representé par la plante, laquelle est naïfuement representée & imprimée aux metaux; & les metaux aux pierres; doncques le grand monde ou Macrocosme n'est point different du Microcosme;que s'ils ne sont point differents l'vn de l'autre, ils ne sont qu'vn,ne plus ne moins que l'enfant auec le pere. C'est pourquoy la sage Antiquité,cóme beaucoup des modernes luy ont donné ce nom

Dieu le createur a voulu estre honoré de toutes choses par l'homme.

Tout ainsi cóme la terre est vn corps qui reçoit toutes les semẽces,de mesme l'homme aussi.

L'esprit premier est produict du limbe ou centre, le second de la parolle, *fiat*. Double sapiẽce en l'homme, l'angelique selon laquelle il doit viure; & l'animale, laquelle il doit mespriser. La mauuaise nature est surmontée par la renaissance Luc. 19. sect.13. Matth. 7. sect.12. Mat. 15. sect.15. Le corps inuisible de l'hõme prouenant du souffle de Dieu, ou de l'eternité, n'est point sujet aux Astres, ny à l'Astronome. Genes 1. L'eau est la matiere du monde sur laquelle l'esprit de Dieu estoit porté. Sainct Pierre 2.5. La terre sortit de l'eau.

nom de Microcosme. Et tout ainsi comme le grand monde est diuisé en deux, sçauoir au visible & à l'inuisible; de mesme aussi le petit monde ou Microcosme est diuisé en deux, sçauoir en visible, quãt au corps, & en inuisible quant à l'esprit : toutesfois en l'homme y a deux esprits, l'vn desquels prouient du firmament, & est appellé syderique : mais le second tire son origine du spiracle de vie, c'est à dire de la bouche de Dieu; & celuy-cy est l'ame intellectuelle, laquelle a esté inspirée du protoplaste vniuersel; ce qui nous contrainct de confesser qu'en l'homme y a trois parties, sçauoir le corps mortel, l'esprit syderique, & l'ame eternelle laquelle est le seul domicile & image de Dieu. Que si l'homme conduict par son appetit sensuel, vist selon la chair & le sang, il est brute quant à sa sensualité, & selon les sacrés epithetes, il est recognu pour chien, renard, loup, brebis, pourceau, ou vipere (comme nous verrons plus à plein au traicté des signatures : car il seroit mal à propos de redire deux fois la mesme chose) que s'il passe le cours de sa vie conduict par la raison, il est alors homme, & dompte l'appetit brutal de son corps : mais en fin si obseruant l'integrité de l'image de Dieu, il vist selon les preceptes spirituels de l'arbre de vie (i'entens selon l'Euangile) ou selon le talent & riche thresor, qui aura esté mis en depost dans son vase fragile, par lequel est entendu le corps, alors il peut dire qu'il dompte les astres, se rendant maistre & seigneur de toutes choses, parce

que

que tout est en l'homme, & l'homme porte tout en soy, & auec soy, il a en soy ce dequoy il a esté fait, c'est à dire sa matiere; il a esté fait du monde, il porte donc le monde auec soy, & il est porté du mesme monde. D'auantage, ne plus ne moins que la matiere premiere (laquelle estoit vne essence confuse sans figure appellée par les philosophes Hilen, mere du monde ou Chaos) estoit la semence du grand nõbre, de mesme le grand monde estoit la semence de laquelle Adam fut fait; personne ne peut nier que le monde ne fut caché dans les eaux inuisibles qui estoient sur l'abysme: or est-il que le monde estoit la matiere ou Hilen, dans lequel estoit Adam auant sa creation: il faut donc conclurre qu'Adam estoit dans le monde, & dans ces eaux inuisibles flottantes sur l'abysme: mais comme de ceste matiere premiere se faisoit le grand monde, de mesme aussi du grand monde se faisoit Adam, & puis que l'arbre prend son origine & accroissement de la semence, la semence doit estre le principe & la fin dudit arbre, parce qu'en chasque grain ou semence est caché vn autre arbre de semblable espece que celuy-cy; de mesme la premiere matiere (appellée limbe par Paracelse, laquelle n'auoit pour terre que la parolle de Dieu) estoit la semence de tout ce qui deuoit estre creé, & l'homme estoit la derniere des creatures, parce qu'il est la semence la plus parfaicte laqquelle peut produire & engendrer vn autre semblable à soy, & comme

Tout ainsi comme vn sculpteur du bois, & vn

potier de l'argille, font mille diuerses figures, selon qu'il leur plaist, de mesme Dieu a tiré toutes les creatures de la matiere premiere

Adam, portant tout le monde & toutes les choses creées en soy, est cõserué par le monde, de mesme aussi tous ceux lesquels ont pris leur origine d'Adam, portent le mesme que luy, sçauoir tout le monde, & sont portez & conseruez par le mesme monde aussi bien que le premier homme, veu que tous les hommes ne sont qu'vn quant au corps, sang, & esprit; doncques la cognoissance de l'homme doit estre prinse de l'vne & de l'autre lumiere, parce que le fils ne sçauroit estre cogneu de soy seulement sans le pere: mais l'homme a deux peres, sçauoir l'eternel duquel il porte l'image, & le mortel, qui n'est autre chose que le monde auec toutes les creatures, c'est à dire le limon de la terre, ou pour mieux dire l'extraict ou tres-precieux Estre de toutes ses creatures proposé & mis à l'examen de tous les Philosophes, Medecins, Astronomes, & Theologiens: car en l'homme mesme, c'est à dire au Microcosme, n'y a aucun membre, auquel ne corresponde quelque element, Planette, intelligence, nombre ou mesure de l'archetype, si bien que l'homme tient son corps visible (vestement ou maison de l'ame) des elements: quant à son corps inuisible ou chariot de l'ame (par lequel elle est conjoincte auec le corps terrestre par vn fort estroit lien de confederation) d'autant qu'il est comme vn *Medium*, il participe de l'vn & de l'autre, & cognoist que son essence syderique, etherienne, & astrale, n'est tirée que du firmament: mais par ce *Medium*,

L'homme est presque semblable à la terre, ou au chãp contenant en soy toute sorte de semences.

Ne plus ne moins que le fils n'est moindre que le pere, de mesme aussi l'homme n'est pas moindre que le monde.

Nul ne peut cognoistre vne image si celuy qui est representé par icelle n'est au preallable cogneu.

Le grand Trismegiste ou Hermes appelle l'hõme vn Dieu terrestre. Genes. 3. sect. 7.

c'est

c'est à dire corps etherien, l'ame intellectuelle, par le commandement de Dieu (lequel est le centre du Macrocosme) & par l'execution des intelligences, c'est à dire des esprits de Dieu, est premierement infuse au cœur, qui est le poinct & le centre du Microcosme, c'est à sçauoir du corps humain, d'où elle s'espand par toutes les parties & membres corporels capables d'animation, lors que par la chaleur des esprits engendrée au cœur, elle joinct son chariot à la chaleur naturelle, moyennant laquelle elle se dilate par le sang, & du sang par tout le reste des membres, desquels elle se rend tres-proche voisine, & parce que ledict char ou corps etherien participe du ciel, & retient le cours du ciel, duquel il attire les forces par sa propre vertu magnetique auec autant de facilité que le corps visible des elements, & par ce moyen il demeure tousjours vn auec le monde visible, & auec l'inuisible, ne plus ne moins que le fils auec le pere, que la rougeur auec le vin, ou la candeur auec la neige, d'autant que tout le firmament auec ses planettes & estoilles est en nous; & tout ainsi comme la chaleur penetre la fournaise de fer, ou le soleil le verre, de mesme les astres auec toutes leur proprietez penetrent l'homme, d'où vient que par le moyen de l'esprit syderique du firmamēt nous pouuons apprendre toutes les choses naturelles; aussi l'homme a esté fauorisé de l'ame intellectuelle, immortelle, ou esprit diuin creé à l'image & ressemblance de la tres-saincte

La perfection & dignité de l'homme.

Par ainsi Dieu & l'homme ne peuuent estre cōioincts sans vn mediateur qui est Christ nostre Sauueur, participant des deux natures, sçauoir de la celeste & terrestre, c'est à dire de la diuine & de l'humaine.

Paracelse dit que l'ame ou souffle de la vie est infusée de Dieu au corps elementaire par les Astres, lesquels seruent comme de milieu.

L'entendemét Zach.12.sect.1. Genes.2 sect.7 Esa.42. sect.5. Sap.2. sect 23. Ioan. 1.2. sect. 27. 1. Ioan. 4. sect. 14.

Luc.1. sect.47. 1. Thess.5. sect. 23. Genes. 2. sect. 7.

Voy l'amphitheatre de Khunrad digne d'eternelle memoire & louange.

Paul tres-gräd Philosophe & Theologien admet aussi trois parties en l'homme, sçauoir l'esprit, l'ame, & le corps.

Il y a deux ames, ou deux esprits en l'homme, la mortelle tirée du limon laquelle est la vie du corps, & l'immortelle, venant de Dieu.

Trinité, laquelle ame a neantmoins esté desniée aux quatre habitans des elements, desquels nous auons desia faict mention, & aux animaux; & c'est affin que plus facillement l'homme ressemble en toutes choses à son pere celeste; or nostre pere celeste est en nous par son esprit, qui nous sert de mediateur pour comprendre auec asseurance la saincte Theologie, & tous les secrets tant terrestres que celestes; voire en ceste ame nous auons l'estre, la vie, & le mouuement, & côme Dieu est vn en essence, & triple en personne, de mesme l'homme vn en personne, & triple en essence distincte, sçauoir en corps terrestre, en esprit Etherien, que les Hebrieux appellent *Schamain*, & en ame viuante ou viuifiante, infuse de Dieu, est le trian domicille de la diuinité, ce que tesmoigne fort pertinemment en la saincte Escriture, la concordance admirable du Createur à la creature, à laquelle le grand Protoplaste a voulu donner son vnité trine, ou Trinité; outre la saincte Escriture, nous en auons asseurance de tous les Philosophes conduits par la lumiere naturelle; peut-estre neantmoins que quelqu'vn desnué d'entendement voudra nyer ces trois parties: toutesfois nous le contraindrons de confesser que l'homme a esté creé du limon de la terre par ceste seule parolle *Fiat*, & que l'esprit eternel, ou spiracle de vie, luy a esté infusé de la bouche de Dieu, spiracle dis-ie, qui est le vray limon du Ciel: mais le limon de la terre est diuisé en deux, sçauoir en visible,

ble & en inuisible, l'homme tient vn corps de la terre & de l'eau, sa vie de l'air, du firmament & du feu, c'est à dire esprit syderique, lequel est vrayement l'homme, & non pas la chair & le sãg; & tout ainsi que l'esprit syderique est la vie du corps, de mesme l'esprit de Dieu est la vie de l'ame intellectuelle; & tout ainsi comme l'esprit syderique habite dans le corps & exerce ses fonctions tant la nuict que le iour, (parce qu'il est l'hõme mesme & le firmament contenant toutes choses) de mesme l'esprit de Dieu, parolle du Pere, homme eternel habite dans l'ame, & la maison du corps materiel est l'habitation de l'ame, ne plus ne moins que l'ame est celle de Dieu: donc puis que l'homme (chef d'œuure, & perfection de tout ce que Dieu a fait, image tres-parfaite de tout cest vniuers, le naif & plus approchant simulacre de Dieu, en la creation duquel il s'est reposé, cõme n'ayant rien de plus admirable entre les mains, l'hõme dis-ie auquel le Createur mesme a employé toute sa puissance & sagesse parce qu'il contient en soy tout ce qui est en Dieu) a esté composé de toutes choses, & fait au sixiesme iour la derniere de toutes les creatures, portant l'image non seulement de Dieu eternel, ains encore du Macrocosme, parce qu'il contient en soy toutes choses aussi bien que luy; il s'ensuit que les trois mondes ou cieux, sont en l'homme, & qu'il est porté par les mesmes trois mondes; ou plustost que luy-mesme est les trois mondes ensemble, &

L'esprit est la vie de l'ame, l'esprit & l'ame sont la vie du corps. Iean 14.

Dieu crea l'homme pour affin qu'il fut son tabernacle, tant en ce siecle qu'au futur. Manil. Exemple chascun son particulier est l'image de Dieu en vn tableau racourcy.

La chose naturalisée participe de la nature en soy naturalisant.

Dieu habite en l'ame comme dans le ciel de l'homme.

exéplaire de l'vniuers, à raison dequoy quelques-vns l'ont appellé fort à propos le quatriesme monde, auquel se treuue tout ce qui est aux autres trois, ou bien l'vnique creature contenant toutes les autres, parce qu'elle a l'esprit de Dieu : car qu'est-ce que l'esprit, ou ame intellectuelle de l'homme influée par par la bouche diuine ? ie m'asseure que personne ne sera si temeraire que de nier qu'elle soit autre chose que Dieu mesme, habitãt en nous: quãt au corps inuisible ou homme interne, Astre & esprit, veu sa raison, il est d'accord auec les Anges, comme estant compagnon auec eux, & combien qu'il soit vray mage, cela n'empesche pourtant qu'il ne soit esgal aux Anges en toutes operations magiques, outre qu'il est possesseur de toutes choses, entant qu'il possede vn corps physique composé du plus subtil de ceste grande machine & de la quintessence de toutes les creatures : car toutes les choses externes ne sont autre que le corps de l'homme, à raison dequoy il communique auec les trois mõdes, (sçauoir auec l'archetype ou deal, auec l'intelligible ou angelique, & auec le sensible, elementaire ou corporel) & symbolise en operations & conuersation auec eux : Ie croy que personne ne met en doute, que l'homme ne communique auec Dieu archetype par le moyen de l'ame intellectuelle, laquelle est proprement vne particule de la diuinité en faueur de laquelle Dieu a exprimé en nous sa semence & effigie (non pas à la façon de l'Echo

1. L'entendement [illegible].

Le carrossier de l'ame ou de l'esprit raisonnable enserre & contient en soy (de mesme que Dieu eternel) tous les estres, temps, & lieux.

l'Echo nymphe feinte par nos anciēs Poëtes, laquelle renuoye la voix de loing par la reuerberation de l'air, à raison dequoy elle represente vne ame vegetable) mais l'ame raisonnable esleuée en Dieu & vnie auec Dieu, conuerse auec Dieu, & fait le mesme que Dieu, si bien qu'il ne se treuue aucune chose en l'homme, voire iusques à la moindre disposition, en laquelle on ne remarque quelque eschantillon de la diuinité, comme aussi il n'y a rien en Dieu qui ne soit veu en l'homme. En second lieu l'homme symbolise auec les Anges, quant au corps inuisible, & de l'ame raisonnable par le moyen de laquelle il opere & conuerse auec eux, & possede la mesme sapiēce qu'eux, parce que l'ame est familiere compagne des Anges, aussi bien que le corps du firmamēt, & des estoilles desquelles il a pris son corps astral ou syderique, lequel neantmoins est vray homme astral, par ce que ce n'est pas la chair ou le sang qui font l'homme : mais seulement cest esprit syderique qui est contenu en la chair & au sang, aussi ce seul esprit est le subiet de la raison humaine, contenant en soy la science, esprit, dis-ie, lequel ioinct au corps fait l'animal, quoy que ce dit esprit, & l'Astre en l'homme ne soient qu'vn : toutesfois le corps est le subiet de cet esprit, d'où s'ensuit que les Astres regissent l'homme en esprit ; c'est à dire, ont vne grande force sur l'esprit de l'homme: mais l'esprit plus noble que la chair regit l'homme, selon la chair & le sang : toutes-

II.

III. Tout ainsi cōme l'homme contient reellement en son corps toute la nature corporelle, de mesme selon l'intellect, il contient tout le monde.

fois celá n'empesche que cet esprit (duquel ie parle qui est le sydérique) ne soit mortel, veu qu'il n'y a que l'ame intellectuelle en l'homme, inspirée de Dieu, laquelle soit exempte du ioug de la mort, l'homme symbolise encore auec les elements, parce qu'il a tiré son corps physique mortel, & terrestre d'eux, & d'autant que (selon Paracelse) le mõde pere de l'homme a en soy les quatre habitans, c'est à dire les inquilins des quatre elements, outre le cinquiesme genre des Flages diuisé en milles especes incorporées: toutesfois à l'ame du Macrocosme, l'imagination de ces cinq sortes d'esprits aux elemẽts, seront encor en l'hõme, c'est à dire au Microcosme: mais l'vsage de la raison humaine (selon la volõté & commandement de Dieu) est sẽblable à vne cadene parce que ces cinq sortes d'esprits sont vnis & liez ensemble, affin qu'ils se reposent auec son imaginatiõ. Outre ce il est certain que l'homme a encore quelque sympathie auec les animaux elementez, auec les vegetans, & tous les mineraux: car il possede leur nature & proprieté: doncques l'homme derniere creature, est tres-noble & excellẽt, parce qu'il a en soy toutes les parties du monde, si bien qu'il n'y a rien au grand monde, qui ne soit reellemẽt trouué en l'homme: car le fils est en toutes choses semblable au pere, & cognoissant le pere, l'on cognoist le fils; c'est pourquoy l'hõme miracle de la nature grand & admirable extraict, noyau des quatre elements, tres-grãd artifice de Dieu, l'homme en fin exemplaire

Toutes choses ont esté tirées du rien: mais l'homme a esté faict de toutes choses. Le grãd monde estoit la matrice d'Adam, de mesme aussi toute la machine du monde est cõme la matiere de tous les hommes, & de tout ce qui a eu naissance. Ioan. 1. sect. 1. Ioan. 17. sect. 11. 21. 22. 23.

tres-

tres-parfaict du monde, est vrayemét la totalité de toutes les creatures; parce qu'il est tout le monde, aussi c'est luy tout seul qui jouyt de ce priuilege, d'auoir symbolisation, operation & conuersation auec toutes les creatures; voire il monte en vne telle perfection, qu'il se faict fils de Dieu, & se transforme en la vraye image de Dieu, s'vnissant auec luy; merueille de l'amour diuin, qui a concedé à l'homme ce qu'il a desnié à toutes les autres creatures, voire mesme aux anges!

Mais quant que passer plus outre, la necessité requiert que nous parlions plus amplement de l'homme syderique, inuisible, sçauoir de son origine & puissance. Sus donc si cet esprit olympique qui faict l'homme, eust esté cogneu par Aristote, & remarqué par Galien, la philosophie & la medecine (afin que ie passe la Theologie.) ne fussent pas entassées d'vne si grande suitte d'erreurs, lesquelles les professeurs ethniques y ont semé. Or donc l'homme inuisible ou esprit olympique vient en ceste façon au monde, Adam & Eue ne sont pas sortis d'autres parens que nous qui leur sommes posterieurs: mais ils ont esté produicts (quant au corps visible & inuisible) du limon de la terre, ou grand monde, comme il a desia esté dict: car toute la grande machine du monde a esté reduicte en vn Microcosme, de façon qu'il ne se treuue rien en tout le monde, qui ne soit aussi en l'homme: donc l'homme a prins son corps physique, elementaire, visible, & palpable, de la terre, & le syderique inuisible;

Les choses sensibles autant que les insensibles, ont vn esprit astral, ou participent des astres.

Eue n'est autre chose qu'vn Adam transplanté.

ble, & insensible (lequel est le domicile de l'esprit vital) des astres du firmament ; & par ainsi Adam auoit deux corps, sçauoir vn visible elementaire, & vn inuisible celeste, ou syderique, d'où vient que maintenant en la naissance de l'homme, il s'en treuue tousiours deux, sçauoir l'homme corporel, elementaire, & visible (organe & instrument de l'inuisible) & l'homme incorporel ou astral, lequel donne mouuement, gouuerne, & inuente les artifices: car par l'homme, les astres produisent tousiours ces deux en l'homme, sçauoir le corps visible elementaire du sang, & de la chair, dans le ventre maternel: mais le corps inuisible syderique & capable de la Philosophie des astres du firmament: d'autant que cet homme demeure comme vn petit monde, semblable à son parent le Macrocosme: toutesfois comme le grand monde est distingué de l'angelique par son escorce, de mesme l'hôme petit monde est different du Macrocosme, par le moyen de sa peau ; * d'où s'ensuit que l'homme interne, syderique, incorporel, & olympique n'a aucune difference d'auec le firmament, ou maison des astres, & (comme a esté souuent dict cy dessus) il est autant inseparable d'eux, que la rougeur du vin, la blancheur de la neige, & la splendeur du Soleil: quant à l'autre partie de l'homme, c'est à dire

Les premiers hommes prouiennẽt de la creation, les autres de l'estre de la semence.

L'esprit de vie vaut autant à dire que le souffle de vie.

L'esprit du limbe c'est à dire animal astral, ou participant des astres.

Le corps du limbe, & le souffle doiuẽt estre vn assẽblage ou mariage, autremẽt la geniture sera bastarde, mauuaise, & alterée: car comme le mariage est vne perfection de deux en toutes choses, de mesme l'adultere empesche la lumiere de la nature, voy Paracelse *in philosophia sagaci.*

Paracelse dict que l'element du feu, ou le firmamẽt encore qu'il soit tres-subtil, est toutesfois vn corps, parce que ses fruicts sont des corps ; & sans cet element tels fruicts ne pourroient estre produicts.

* Le vent est vn corps, ayant puissance (ne plus ne moins qu'vn corps visible) de renuerser vn autre corps: non seulement les corps visibles: mais aussi les inuisibles creés de Dieu sont corps d'vne mesme puissance, l'homme interieur, le ciel interne, l'ascendant & la constellation particuliere.

re le corps syderique, appellé le Genie de l'hõme, d'autant qu'il tire son origine du firmament, les Latins l'appellent encore *Penates*, à cause de la proximité qu'il a de nous, & vient encor au monde auec nous, ombre visible, esprit domestique, homme ombrageux, petit homme familier des philosophes, Demon ou bon Genie, Adech interne de Paracelse, spectre lumiere de nature, Euestre prophetique en l'homme. Outre ces noms il s'appelle encor imagination, qui enclost tous les astres dans soy, & en son vnité est tous les astres ensemble, retenant le mesme cours, la mesme nature, & la mesme puissance que le ciel; maintenant donc les astres (ie ne parle pas des sept planettes ou charbons visibles du ciel, corps des astres, mais de l'inuisible & insensible corps de toutes choses, c'est à dire l'esprit astral) ne sont autre chose que les vertus angeliques: mais les anges rassasiez par le seul regard de la diuinité, sont la sagesse creée de Dieu, d'où vient que celuy qui cognoist Dieu cognoist aussi les astres; cognoissant les astres, il est impossible qu'il puisse ignorer le monde, ny par consequent l'homme, qui est le fils du monde. Les astres se multiplient ensemble, ne plus ne moins que la semence du froment (c'est à dire corps inuisible) jettée en terre, produict de soy vn corps visible, & plusieurs autres grains, lesquels ont le mesme

son,

Cest esprit est le docteur de la vraye astronomie.

L'vsage & manducation de la pomme a produict en vigueur ce corps syderique astre, & semence, Vulcan & Archée sõt le mesme, & vn esprit sans raison, diuers toutesfois, parce que les formes de plusieurs choses sont diuerses.

L'esprit astral en tout croissant a besoing d'vne habitatiõ corporelle.

L'homme interieur est le mesme ciel, ou bien tous les astres ensẽble.

Lys chez Picus, comme Trithemius s'est metamorphosé alternatiuemẽt aux diuers Euestres du triple mõde, & s'est chãgé en diuerses especes de figures, & interrogé par Picus en ceste sorte de luy monstrer la puissance cachée de l'homme creé à l'image de Dieu, la luy monstra par vne reelle magie: les speculatifs se transforment en la chose attentiuement cõsiderée, ou imaginée: car l'intellect de l'homme se rend semblable à toutes choses.

astre que le precedent. Le mesme arriue aux autres crescitifs, & viuans; la difference est, qu'aux crescitifs il est irraisonnable : mais aux viuants (comme à l'homme) il croist auec raison, & est diuers selon que les formes des choses sont diuerses. Quant aux corps ils ne sont autre chose que l'excrement des astres produicts en estre corporel par leurs operations, ce qui est possible à vn chacun des astres en son particulier, d'autant qu'ils peuuent produire vn autre astre corporel, en l'imaginant, & formant par leur propre operation : car il ne se peut treuuer aucun corps, lequel soit sans astre, de mesme qu'il ne se peut treuuer aucun astre sans corps visible: mais comme l'imagination de l'homme n'est pas vn astre seul, ains tous les astres ensemble, il est necessaire qu'elle produise beaucoup d'operations diuerses; & quoy que l'imagination soit inuisible sans corps, toutesfois estant esleuée & conioincte à vne ferme foy, soit qu'elle soit naturelle ou autrement; grande merueille! elle est comme la porte, la fontaine, & le commencement de toutes les operations magiques: & sans le detriment ou diminution de l'esprit astral, ou syderique, elle a la puissance de produire & engendrer des corps visibles; voire ce qui surpasse l'entendement humain) soit qu'elle soit presente ou absente, elle peut mettre au iour toutes les plus admirables operations; outre plus l'imagination est la vraye lumiere naturelle aux choses incorporées, ne plus ne moins que la foy, laquelle rend les choses eternelles,visibles; par les impressions de l'imagination l'enfant reçoit des marques assez notables dans le ventre de la mere sans aucun touchement corporel, * & tout ce que nous faisons visiblement auec le corps, nous le faisons spirituellement par l'imagination,d'où s'ensuit que par icelle nous formons la peste, & autres semblables maladies firmamentales; l'imagination donne la santé ou la maladie. I'ay dict qu'elle donne la peste,d'autant qu'elle prend sa naissance de la terreur ou crainte,& prend son origine de l'esprit du petit monde, ou esprit syderique & animal (lequel est le mechanique de l'astral) de l'homme,ce qui se preuue par l'exemple de l'enfant, lequel reçoit les marques sans estre touché. Cet esprit syderique nay auec l'homme par le moyen des astres,demeure pour ceste occasion auec l'homme,& est l'aymant ou nature magnetique en l'homme:car comme l'aymant terrestre est esprit par son corps, & a les vertus attractiues, de mesme aussi le corps esprit au corps visible de l'homme attire; & celuy-cy est l'aymant du Microcosme; le corps & esprit syderique attirent à eux les vertus des astres, comme il appert fort bien aux lunatiques,ausquels sont manifestées les proprietez, affinitez, conuenances de telles vertus magnetiques, lesquelles l'esprit & corps syderique de l'homme est en partage auec les astres: ceste quatriesme espece de magie naturelle appellée *Gamahaos*,par l'ayde de l'art faict spirituellement,& inuisiblement toutes les choses,

* L'impression de l'imagination qui prouient de la crainte ou de la tristesse, est la source, & origine des maladies,& de la mort. Comme le soleil nous communique sa clarté à trauers le verre, de mesme les astres enuoyēt la peste à trauers la peau. La sapiēce est le principe de l'enchantement,& les astres obeyssēt à la sagesse humaine.

ses, lesquelles la mesme peut faire visiblement & corporellement : le corps qui est la maison est comme mort: mais l'habitant (sçauoir l'esprit du perpetuel mouuement de la nature inuisible, ou de l'ame du monde, estincelle magnetique) est viuant, & opere auec plus de vigueur toute la sagesse animale, les arts, les ouurages, les sciences, en fin la cognoissance de toutes choses sont cachées dans les astres du firmament, & n'y a rien de si caché au mõde, qu'il ne soit exprimé ou prefiguré aux astres, voire tous les astres du firmament, lesquels sont la teincture de la speculation de nostre esprit, peuuent (par leur force engendrée auec eux) produire en imaginant, des choses visibles & corporelles de l'inuisible & non apparent, ne plus ne moins que l'on voit en vn instant du temps serain, s'esleuer vne grande nuée, laquelle donne la pluye, neige, rosée, gresle, & tonnerre, lesquelles choses, quoy qu'elles ne soient rien auant leur production: toutesfois produictes de l'inuisible, se rendent & font grand corps ; & par cet exemple nous serons enseignez, comme auant la creation premiere, toutes choses sont sorties & produictes du rien diuin, ou du poinct inuisible des cabalistes, lequel a esté faict de Dieu en vn seul moment, ie dis moment, parce que les œuures de Dieu ne sont point subiectes à la longueur du temps : car toutes choses ont esté tirées des tenebres, & mises au iour par la seule parolle de Dieu: mais puisque l'homme prend son corps sydérique

L'esprit est tel à raison du corps elementaire, voire mesme il parachevue les operations spirituelles.

Toutes choses sont tres-euidentes au ciel, toutes les actions & euenemẽs des hõmes sont depeines aux astres.

Chasque animal a son signe ascendant au ciel de mesme que l'hõme brutal.

Tout corps est produict d'vn esprit subsistant inuisible & incomprehensible.

Triple riẽ, negatif, diuin, & priuatif, cela est l'organe de la lumiere de la nature, ou des astres.

Tout le ciel n'est autre chose que l'imagination, laquelle cause en l'hõme les pestes, fiéures, &c. sans aucun instrumẽt corporel.

rique des astres, & que la totale imagination depend des astres du firmament, voire depuis qu'elle n'est differente en aucune façon d'eux & demeure auec eux : il est pareillement necessaire que le firmament aye vne imagination, mais differente de celle de l'homme; parce que celle-là est sans raison, & celle-cy est raisonnable, d'autant que par le coup ou iettement de pierre, ou autre chose pesante, l'hōme blesse l'autre : mais ceste action semble estre raisonnable, parce qu'elle prouient d'vne cause doüée de raison, ce que ne faict pas le feu ou l'ortie, quand ils bruslent ou picquent estans destitués de ratiocination. Outre ce puisque l'homme est la quintessence du grand monde, il s'ensuit que l'homme peut imiter non seulement le ciel, ains encore le peut regir & gouuerner : car toutes choses obeïssent naturellement à l'ame, & portent necessairement leur mouuement & efficace à ce que l'ame desire auec affection, si bien que lors que l'ame est portée par quelque desir violét, elle force les vertus & operations de toutes choses, de luy porter obeyssance, outre ce ayant attiré ses vertus du grand Archetype de nos œuures par l'esleuation que nous faisons en luy, elle contrainct & attache au ioug de ses volontez les vertus mondaines, & toutes les creatures; voire alors nous sommes suiuis de toute la cour celeste : car par la foy naturelle & engendrée auec nous, par laquelle nous sommes rendus esgaux aux esprits, accompagnée de l'imagination, se font toutes les merueille

Par la foy no⁹ pouuons faire des bonnes & mauuaises œuures, la permissiō de Dieu nous estāt cōcedée.

ueilles & operations magiques; ie dis accompagnée de l'imagination, parce que l'imagination opere en l'homme à la façon du Soleil: car comme le Soleil corporel, ou corps solaire opere en son subiect sans l'ayde d'aucun instrument, & le redige en charbons ou en cendres; de mesme l'imagination incorporelle de l'homme opere spirituellement en son subiect, ne plus ne moins que si c'estoit vn instrument visible, & tout ce que le corps visible faict, est aussi possible au corps inuisible ou corps syderique, portant dommage à vn autre. L'imagination de l'homme est vn vray aymant, lequel a puissance d'attirer à soy de cent lieuës: voire tout ce qu'il desire en son exaltation, il l'attire des quatre elements: mais l'imagination n'est pas efficace qu'au preallable elle n'aye attiré la chose conceuë par ses forces attractiues: car alors elle procree de soy vn esprit naïf, vray architecte de l'imagination; quoy faict l'imagination (estant comme enceinte) faict ses impressions; & quoy qu'elle soit impalpable, toutesfois elle est corporelle; d'où le sage ou vray magicien peut attirer l'operation des astres, & la ioindre aux pierres, images, & metaux, lesquels par apres ont le mesme pouuoir que les astres; à la preuue dequoy ie ne veux que le miroir à feu, ou miroir ardent, par le moyen duquel nous ressentons la chaleur des rayons solaires. Tout ce que nous voyons au grand monde, peut estre produict par le moyen de l'imagination, d'où s'ensuit que toutes les plantes, metaux, & tout ce

Ceci est l'art Gabalistique.

[illegible]

La magie ou la foy qui transplante les montagnes à la domination, & empire sur tous les esprits & sur les ascendans.

ce qui a les vertus crefcitiues,peut eftre produict par l'imagination ou vraye Gabalie ; & cecy eft la partie de magie appellée Gabaliftique appuyée fur ces trois colomnes fuiuantes; premierement aux vrayes prieres, faictes en efprit de verité, où fe faict vnion de l'efprit creé auec Dieu, & c'eft dans le *Sancta Sanctorum*,ou lieu facré, que Dieu eft appellé de l'efprit interne,non pas par la force des parolles, mais par vn facré filence, c'eft à dire par l'oraifon mentale. Secondement par la foy naturelle,ou fapience ingenerée, & communiquée efgallement à tous les hommes, comme vn particulier patrimoine,par le Pere eternel. Tiercement par la forte exaltation de l'imagination, les forces de laquelle font manifeftement demonftrées tant par le bafton de Iacob,duquel Moyfe faict mention, que par les marques imprimées aux enfans dans le ventre maternel:donc l'imagination ou fantaifie en l'homme eft femblable à l'aymant, parce que naturellement elle attire la fantaifie des autres hommes, comme nous voyons à ceux lefquels baaillent : car alors la vehemence de l'imagination tranfmue non feulement le corps propre, mais encore les autres : toutesfois il fe faut prendre garde que la tranfmutation n'eft que par le moyen de l'imitation, c'eft à fçauoir par vne certaine vertu de la fimilitude d'vne chofe pour faire tranfmutation de l'autre, efmeuë par la vehemence de l'imagination,ce qui apparoift fort bien en l'agaffement ou craquetement des dents, ou en

Genef. 30.ch. fur la fin.

frottant vn fer contre vn autre, &c. d'autant que par ces choses les dents des auditeurs sont agassées, & par le baaillement d'vn homme, les autres sont excitez à en faire autant; plusieurs personnes ont donné entrée aux tentations diaboliques par la tristesse ou mesfiance de leur imagination; & de faict nous voyons beaucoup de gens estre gouuernées par le mesme, à cause de leur imaginatiue, comme aussi par là mesme nous voyons vn grand nombre de gens, lesquels ayans chassé l'impuissance du soupçon par vne ferme foy, & esleué leur esprit à Dieu, auec vne esperance infaillible confirmée par l'assiduité de leurs prieres, se sont rendus à l'instant le temple du Dieu viuant. En fin tout l'affaire ne consiste qu'à la vraye & religieuse adoration diuine, accompagnée de douceur & saincteté, cõme sçauent fort bien les sages: car à la verité ie ne fais point de doubte que l'intellect, ou ame intellectuelle ne soit conioincte aux intelligences par la faueur de son intention, estant dressée auec vne crainte filiale accompagnée de ferueur & deuotion: d'autant que l'oraison interne, ou mentale sortie d'vn cœur sincere & net, si elle est cõtinuée par vne saincte ardeur, vnit & conioinct l'ame auec Dieu, par le moyen duquel il void & cognoist toutes choses: mais disons, ie vous supplie, qu'est-ce que ne peut l'ame, si elle est affublée de la colomne inesbranlable de la foy? malheur, qu'il y aye si peu de gens qui l'entendent! & moins encore qui ayent l'industrie de se seruir

La vraye foy est la guerison de la fausse imagination.

Plusieurs sont malades, & gueris par la foy de l'imagination.

L'entendemẽt purifié (cõme la foudre) paruient à la cognoissãce plus occulte des choses, ayant surmonté les ombrages & obscurités.

uir de ceste influence surnaturelle, laquelle gouuerne le corps auec tant de force, quoy qu'il s'en treuue beaucoup, lesquels ont la cognoissance de ceste disposition : mais ils ne peuuent rien mettre en execution, qui redonde à la possession de la sagesse, à cause du broüillement ou sollicitude des affaires mondaines: toutesfois que ce soit assez pour le present, d'autant que ces contemplations tirées de l'antiquité sembleront difficiles & espineuses à ceux qui ont l'esprit trop rude : car peu les lisent, mais beaucoup moins les entendent, aussi demanderoient elles vn plus long discours pour leur esclaircissement; ce qui nous sera pour le present pardonné, affin que nous puissiõs retourner à nostre premier propos de la Chymie. Donc c'est vn poinct necessaire aux estudiants en la Chymie, de cognoistre le vray fondement de ceste philosophique & occulte medecine, à cause de la cõcordance, & harmonique conspiration des choses superieures & inferieures, c'est à dire du grand & petit monde; ce que *Petrus Seuerinus* de Danemarc (& apres luy son fidelle Achate *Pratensis*) d'où il a tiré l'immortalité de la gloire de son nom, apres le merite d'estre escrit au catalogue de la plus sage antiquité; & c'est le moins qu'il meritast, ayant mis au iour, dans son idée de la medecine Paracelsique, ce fondement appuyé & deffendu par les solides colomnes de la verité, pour le proffit des enfans de l'art chymique; arriere donc les aduersaires, lesquels ialoux de l'honneur hermetique, se sont osé bander contre *Iosephus Quercetanus* Conseiller & Medecin du Roy de France, & contre Thomas Bouius, Italien natif de Veronne, & Th. Muffetus Anglois; qu'ils se contentent d'auoir si bien esté r'embarrés: par leur doctes escrits, qui meritoient plustost vn burin, qu'vne plume; affin que ce vieillard Saturne ne les peut iamais consommer.

II.

Où ceste vraye medecine est cachée.

Le froment ne croist sans yuraye, ny la farine ne se treuue sans son, ny le miel sans esguillō. Trois secrets sont regenerez sans la totale complexiō des qualitez.

TOVT ce que Dieu a creé bon à l'extremité, est parfaict & incorruptible, comme est le ciel: mais tout ce qui est cōtenu sous le cercle de la lune est doüé de deux natures, sçauoir de la nature parfaicte, & de l'imparfaicte; c'est à dire de la quintessence, & des feces, lesquelles doiuent estre separées par le benefice du feu; puis donc que la vraye medecine est couuerte d'vne grande varieté d'escorces, matrices, & receptacles, à l'imitation des amandes & autres noyaux, lesquels sont cachés sous diuerses pellicules & escorces (la nature de la chastagne est de ne donner iamais son noyau, que sous l'asperité d'vne robbe autant fascheuse que picquante) il est necessaire, que ceste artificielle anatomie des Chymiques, soit separée des impuretés de ses elements, affin qu'on la puisse auoir en son vray estre de pureté, d'autant que par l'industrie & benefice de l'art, elle est despetrée de ses liens, si bien ſi bien qu'alors les facultés medecinales quittans les inacceſſibles deſtours de l'obſcurité de leur demeure, donnent l'effort à leurs vertus, affin de pouuoir operer auec plus de facilité: donc en tous les ordres des choſes contenuës & entretenuës au ſein des elements, c'eſt à dire aux trois familles vegetables, animales & minerales (deſquelles on peut aſſez retirer des medicaments pour la ſanté ou cõſeruation du corps humain) ſe treuue cachée ceſte vraye & ſpecifique medecine, propre pour contrecarrer les maladies materielles, laquelle (comme il a deſia eſté dict) ne conſiſte pas aux nuës externes, & ſuperficielles, qualitez (ce que monſtre doctement Theophraſte) veu que c'eſt vne certaine vertu ſpecifique & propre, encloſe dans les ſemences, entée neantmoins par le ſouuerain createur, & miſe dans le centre de toutes les choſes, leſquelles ont le pouuoir de prendre accroiſſement; & c'eſt depuis leur creation, par la vertu de la parolle de celuy qui diſſipant les tenebres, a tout mis au iour: doncques les vertus & facultés empreintes aux corps mixtes dés leur creation, ne plus ne moins que l'ame au corps, ne prouiennent pas de l'exterieur, ny ſituation des eſtoilles, ny de l'amas accidentel des atomes, moins encore du corps, ou de la mixtion du corps, ou forme viſible: car autrement elles ne pourroient eſtre ſeparées ſans la corruption & deſtruction du corps, & de la forme viſible; ce qui eſt fort clair au poiure, & à la canelle, deſquels les vertus s'e-

Et partant le ciel eſt l'ouurier des edifices externes non pas des grands ſecrets & myſteres, leſquels habitẽt en la maiſon externe.

uaporent librement par leur vieillesse, ou par l'extraction artificielle : mais tout ainsi comme toutes les actions naturelles prennent leur source des esprits, ou teinctures spirituelles, ausquelles est la vigueur des trois principes des sciences mechaniques: de mesme les actiōs des esprits, ou teinctures vitales, spirituelles, ne procedent pas des corps, ou des qualités mortes, & puisque tous les plus experimentez naturalistes cōfessent qu'il n'y a rien au monde dequoy ne s'en treuue quelque parcelle en l'homme, c'est à dire au Microcosme, comme il a souuent esté dict cy dessus ; voire que les semences de toutes choses sont cachées en l'homme, sçauoir des mineraux, des astres, meteores, vegetans animaux, esprits ou demons, à raison de l'esprit de l'homme: ceste symmetrique concordance, & anagogie physique bien considerée ; l'office des vrays medecins estoit de regarder, si par exemple le cœur interne du Microcosme estoit malade, affin d'exhiber les remedes confortatifs prins du cœur externe de son pere le Macrocosme, qui par son analogie le represente, sinō par sa forme & figure externe, au moins par sō interne. Or ces medicaments peuuēt estre tirés en beaucoup de façons du magasin des trois familles susdictes de la nature: car Dieu a creé vne inespuisable abondance des remedes, lesquels il a suffisamment distribués à chasque region : & par ce moyen entre les metaux l'on treuuera que l'or (lequel de soy-mesme porté dans la bource resiouyt tous les esprits) l'antimoine & sem

Toute la nature inferieure est diuisee en trois parties principales, sçauoir vegetable, animale, & minerale.

& semblables produicts par la vertu de l'element aquatique, comme encore les perles engendrées dans les coquilles du nacre par les gouttes de la rosée; outre ce les huistres coquillés, & autres corps, par vne force specifique & harmonique regardent, & tendent à la santé du cœur Microcosmique, comme entre les mineraux les caracteres ou hieroglifes magiques, lesquels ne leur ont pas esté temerairement attribués par la sage antiquité; ces caracteres, dis-ie, lesquels doüez d'vne lumiere naturelle; parlent magiquement, & declarent leurs vertus internes aux naturalistes, ou secrets philosophes, quoy que la plus grande partie d'iceux naturellement preparés, par vn iuste decret de la nature, desniét leur vital element à ceux qui les possedent. Aussi il se treuue beaucoup de gens lesquels confondent les loix de la nature, pour pouuoir iouïr d'vn aliment si exquis. Et de fait il n'y a point de doute que l'or (despetré de ses entraues, lesquelles empeschent l'exercice de ses facultez) reduict de puissãce en acte, c'est à dire en sa premiere forme (car les voyes de composition & resolution sont semblables, la raison est, que la nature mere de l'art est d'accord auec iceluy, & l'art auec la nature) fera voir des actiõs toutes diuines: toutesfois disons franchemẽt, que bien peu iouyssent de ce benefice là, que de rompre la conionction de l'or pour le rendre potable, nous auons dict cy dessus des metaux & mineraux. Il faut donc venir aux vegetans, si nous voulons marcher auec l'ordre

L'art imite la nature, & supplée à ses deffauts, les corrige, meliore, les assiste & aduance, voire mesme surpasse la nature.

qu'il est requis : donc entre les vegetans on treuuera le saffran, la ruë Melisse, Chelidoine, Macer, & cent autres semblables; entre les animaux, la corne de Cerf, du Monoceros, os du cœur d'vn Cerf & autres, lesquelles choses preparées comme il faut, & reduictes en esprit (car tout ce qui est requis pour la santé, est enclos aux esprits, lesquels seuls sont capables d'agir aux lieux affectés: car à la verité la terre & les escorces sont choses mortes, & impuissantes pour l'action) toutesfois la reduction en esprit ne faict pas le tout, si l'exhibition n'est methodique. Ces choses susdictes preparées exactement, proffitent grandement pour les affections du cœur ; i'ay dict les esprits, à fin qu'on ne pense pas que ie vueille admettre ces externes & superficielles qualités, lesquelles ne sçauroient agir par vne force interne, propre, specifique, ou harmonique: ce sont les seules formes en medecine, ou astres medicamentaux, lesquels separés par l'art chymique, sont les vrayes directions : car le ciel ou astre dirige le secret, & non pas le corps ; le cheual cognoist sa creiche, les oyseaux leur nids, l'aigle le cadaure, & toute sorte de medicaments, par vne certaine vertu magnetique (laquelle à bon droict ἰδιότης ἄρρητος est appellée similitude indicible) s'en va à son lieu tendant au membre auec lequel il symbolise, d'autant que les semblables ayment leurs semblables, & les domestiques s'appliquent naturellement auec les domestiques, ce qui a esté fort diligemment obserué par la longue experience

perience de plusieurs doctes medecins, à raison dequoy *Celsius Romanus* medecin tres-fameux ne fait point de doubte que l'experience, mere de tous les arts, n'apporte vn grandissime proffit pour la cure des maladies, aussi c'est ceste experiéce qu'a eu le courage de faire perdre l'estrier à plusieurs doctes medecins attaqués par des femmes, lesquelles courboient desia le dos souz le pesant fardeau de la vieillesse ; ce que nous auons dit du cœur se doit entendre de chasque autre mébre en son particulier, & consequemment des autres six principaux ; le cerueau externe du Macrocosme est l'huille d'argent, la liqueur du Saphir, Smaragde, Musch, Vitriol, &c. lesquels ont le pouuoir de conforter l'interne Microcosmique, le baulme des poulmons & de la poictrine, sont les fleurs de *chybur* ou soulphre.

L'experience (comme le iugemét) sans sciences est trompeuse, difficile & hazardeuse : mais auec la science elle est certaine & veritable.

En ceste façon l'on eust faict rencontre des remedes. pour soulager non seulement les maladies legeres, ains encore les chroniques, astralles, & fixes lesquelles ont esté estimées incurables, selon le iugement de quelques medecins, lesquels n'entendent pas les semences, lieux natiuitez, racines, & centre des maladies, à cause de leurs racines hautes & fixes; mais ie dis qu'il n'y a aucune maladie (entant que maladie) qu'elle n'aye son remede propre & conuenable, si ce n'est que par vne diuine predestinatió incogneuë aux mortels, elle se rende incurable : car alors il n'appartiét pas aux medecins d'en auoir cognoissance

Il n'y a point faute de remedes, sinon (pour l'ordinaire) à cause de nostre hóteuse ignorance d'iceux.

Comme il y a deux sortes de medecins, les vns qui guerissent miraculeusement & les autres naturellemẽt, par les medicaments. De mesme il y a deux sources de chasque maladie, vne naturelle ; & l'autre celeste.

La parolle de Dieu guerit diuinement la nature par les remedes naturels:

sance : mais seulement aux saincts, lesquels par l'integrité de leur foy peuuent guerir toute sorte de maladies, ou bien selon Pline, que nous vueillons taxer de mẽsonge, & faire marastre la nature & ses forces, laquelle a esté si liberalle & officieuse, qu'elle n'a pas desdaigné de fournir des remedes iusques aux brutes, lesquelles par vn certain instinct naturel cognoissent ce qui leur est necessaire pour subuenir à leur maladie. En fin c'est aux fols & insensez de croire que Dieu aye voulu cacher ces thresors si precieux aux hommes, & de fait ce seroit en vain qu'il auroit creé ces choses là, veu principallement qu'il en a donné vne particuliere cognoissance aux bestes sauuages: car l'experience maistresse de toutes choses nous faict clairement voir, que la cigoigne cherche sa santé en mangeant des serpents, & le pourceau blessé par les serpents vse des escarabots pour sa medecine ordinaire, les sangliers du lierre, & les gruës du ionc, & la tortue se sentant piquée d'vn serpent mange de l'origan auquel par vn secret de nature sa santé est cachée: si le crapaut se sent mordu par quelque autre animal, il court à la ruë, ou à la saulge contre laquelle il frotte la partie affectée & par ce moyen se guerit, à raison dequoy (en faict de la saulge) il n'est pas bon d'en mãger sans l'auoir au preallable bien lauée ; la bellette asseurée de se battre contre le roitelet mange de ruë, la pie met quelque petite quantité de fueilles de laurier dans son nid, lesquelles luy seruent de

vray

vray antidote contre ses maladies, la Huppe se sert de l'Adiantum, l'Ours des fourmis estant blessé de la Mandragore, les oyes, cannes,& autres oyseaux aquatiques reçoiuent leur santé par le moyen de l'herbe appellée *Helxine*, les colombes par la verbene, les hirondelles par la chelidoine, les espreuiers par le *hieracium*, ou herbe à l'espreuier, en fin les autres animaux ont trouué vn nombre presque infiny d'herbes pour leur santé; donc personne ne doit mettre en doute que le pere celeste n'aye postposé les brutes aux hommes, ses enfans, lesquels portent l'image tres-parfaicte du pere; & de faict il sembleroit autrement qu'il y eust de l'iniustice, veu qu'il a creé toutes choses pour l'amour & vsage de l'homme: car à quelle occasion nous auroit-il donné son fils,& commandé de le prier par son S. Esprit. Donc ce seroit mal à propos Siracid. chap.
d'inferer qu'il eust postposé l'hõme aux bru- 38. sect. 4.
tes; l'homme dis-ie, auquel il a rendu toutes creatures sujettes, & de fait le supréme autheur de la nature a creé la medecine de la terre, mais sans imperfection aucune: commandant aux medecins de la rechercher auec vne assiduité, autant pieuse que diligente, affin de l'exhiber aux malades auec la preparation requise & cõuenable; il se faut prendre garde que les medicaments applicables au corps humain ne tiennent pas leur force d'eux-mesmes, ains seulement de la faueur & bonté diuine: car si Dieu estoit absent, ou qu'il n'eust donné la force aux herbes, qu'est-ce que

seroit

feroit le *dictamnus* ou *panacea*.

Donc ces choſes inferieures (ie dis les animaux, herbes, pierres, metaux ont leurs forces par la fauëur du ciel, le ciel des intelligences, & les intelligences du grand fabricateur celeſte, auquel ſont toutes choſes auec vne tres-grande vertu. La vie naturelle ſe rẽd vniuerſelle par la fontaine de vie, c'eſt à dire Dieu: car les elements viuent du firmament, le firmament du monde intelligible, & le monde intelligible tient ſa vie ſeulement de Dieu, ou du Verbe eternel : donc la vie de tout n'eſt qu'vne ſeule vie en tout, laquelle neãtmoins ſe gliſſe diuerſement ſelon la diuerſité des ſujets qu'elle influë : c'eſt pourquoy lors que nous auons deliberé de faire quelque operation par le moyẽ des herbes, il ne faut pas tant auoir de fiance aux herbes qu'à Dieu, d'autant qu'en ceſte ſeule façon les choſes ont vn ſuccez tres-heureux: car autrement noſtre effort ſe rend vain, veu que nous n'auons noſtre intention & foy adreſſée à Dieu autheur de toutes choſes; d'où vient qu'Aſſa franchit le pas pour s'eſtre plus fié aux medecins qu'à Dieu; en fin c'eſt la ſeule medecine celeſte ou parolle de Dieu, laquelle eſt le leuain de la medecine : car ſans icelle la medecine n'auroit aucun pouuoir; auſſi c'eſt elle, laquelle guerit toute ſorte de maladies à cauſe de l'efficace du Verbe, duquel procedent toutes les vertus, ſurpaſſant les actions humaines, en fin du Verbe, où par le Verbe, les medicaments ſe rendent puiſſants,

Donc en toutes choſes il faut auoir recours à la ſain&e volonté de l'autheur & maiſtre de la nature 2. Chriſt. 17. ſect. 12. Pſalm. 11. Siracid. 38. ſect. 9. 10. 11. 12.

puissants, & tout ainsi cõme l'escorce n'est pas le noyau, de mesme aussi les herbes ne sont pas la medecine, ains seulemẽt le signe du verbe, qui est le signe. En terre se treuuẽt deux medecines, l'vne desquelles a esté creée du Pere celeste, laquelle nous appellõs visible, & celle-cy ne doit pas estre administrée au corps humain, qu'apres la separatiõ des impuretez; l'autre est inuisible creée par le Fils, & ces deux medecines conjoinctes n'en font qu'vne; le medecin guarit bien les herbes: mais les herbes sont tant seulement le milieu auquel est la medecine, si bien donc que l'herbe n'est pas la medecine, ains seulement le subjet auquel la medecine a esté cachée par Dieu mesme.

Ces choses bien considerées par vn iugement sain & tranquille nous cesserons nostre admiration, voyant que Dieu guerit les hommes en la seule prononciation de sa parolle, par les Prophetes & vrays cabalistes: car il n'y a rien de plus asseuré que Dieu est viuant; or si Dieu est viuant, son nom l'est aussi, si son nom est viuant, les lettres desquelles il est escrit sont viuantes; Dieu vit par soy, son nom vit pour luy, & les lettres de son nom viuent par le nom; & tout ainsi comme Dieu a la vie en soy-mesme, de mesme aussi a-il donné à son nom de l'auoir en soy, & le nom aux lettres. Act. 3. sect. 6.

Par les vrays magiciens contemplateurs de la nature (ie n'entẽd pas par ce mot de magicien les necromantiens) la parolle escrite, les caracteres & seeaux faicts en certain temps auec la vertu celeſte loing de toute ſuperſtition (fille pour l'ordinaire de l'ignorance) & prophanation du nom de Dieu, ſans faire iniure à la Foy & Religion Romaine (car autrement il ſeroit beaucoup meilleur d'eſtre touſiours eſtendu ſur le lict des miſeres, que de viure auec tout contentement hors de la grace Dieu) & à la verité ſelon le rapport d'Agrippa les caracteres & noms conſtellez n'ont aucune puiſſance à cauſe de leur ſigne, ou de la prononciation, ains ſeulement à raiſon de la vertu ou ordination de Dieu, ou de la nature à tel nom & caractere : car il n'y a aucune vertu ſoit au ciel ou à la terre laquelle ne procede de Dieu, ſans la faueur duquel il n'y a rien qui puiſſe mettre en effect ce qu'il a en puiſſance. Les medicamẽts ſont des corps viſibles, & les parolles ſont des corps inuiſibles, & ſoit que les herbes ou les parolles gueriſſent, c'eſt par vne vertu naturelle prouenuë de Dieu, ou de l'eſprit de Dieu ioinct auec la nature par ſa parolle *Fiat*, quiconque ſera curieux de voir les cures caracteriſtiques (leſquelles par parolles prononcées, eſcrites, ou grauées, penduës au col, font leurs operations, moyennãt les proprietez celeſtes, ou influences ſyderiques) il faut qu'il liſe *Rogerius Bacchon de mirabili poteſtate artis & naturæ.*

Tels nõs ſont des diuinitez.

Les caracteres (ſelon Paracelſe ſont les compoſitions & ſyrops des eſprits.

Par les medecins auec la parolle creée ou biẽ par ſa miſericorde incarnée, veu que toutes choſes ſe font par la vertu & efficace de la parolle du tripl'vn, ou ſeul Verbe cõſeruant tout ce qui a eſtre, tout ainſi comme nous auons veu

L'homme ne viſt pas du pain ſeulemẽt &c. Matth. 4. ſect. 4. Deut. 8. chap. 3. Luc 4. ſect. 4. Luc 11. ſect. 14.

veu aux miracles de noſtre Sauueur, gueriſſant le muet & ſourd, auquel toutes les herbes, pillules & ſyrops du mõde n'euſſent donné aucun ſoulagement; en ce miracle, diſ-ie, Dieu ne ſe ſeruit point de la nature, ains de ſa ſeule parolle, c'eſt à dire par ſoy-meſme, & ceſte parolle, c'eſt à dire la miſericorde increée de Dieu, n'eſt autre que celle-là par laquelle tout a eſté creé, & de laquelle tous les ſimples prouiennent operant (outre cela) tous les iours auec le Pere en toutes choſes: car toutes les facultez operatrices & virtuelles des creatures, tant du grand que du petit monde, ne peuuent auoir eſté puiſées en autre part, qu'en ce grand abyſme ineſpuiſable de Dieu, ou de ce lien incarné de l'eſprit rempliſſant toutes choſes, pour en faire vn tout; à raiſon dequoy la plenitude de tout le mõde n'eſt qu'vne, appellée à bon droict plenitude: car il eſt tres-certain qu'il ne ſe fait rien hors de Dieu, puis qu'en Dieu toutes choſes ſe meuuent, viuent, & ſubſiſtent; ceſte parolle ou Verbe de Dieu, la premiere engendrée de toutes creatures, eſt noſtre vray pain quotidien (lequel noſtre Sauueur nous a enſeigné & cõmandé de demander) la mumie ſuperceleſte, & le baulme ſurnaturel, beaucoup plus puiſſant que la mumie humaine, ou baulme naturel, deſquels les mortels ſont ſuſtentez, & de fait la vertu au pain, n'eſt autre choſe que la benediction de Dieu, voire Dieu meſme; le Verbe aux viandes terreſtres, eſt le vray pain dõné tant aux bons qu'aux mauuais: car

A bon droict la grace ſurpaſſe la nature & le ſigne. Ioan. 1. ſect. 3.

Eccleſ. 24. ſect. 8. 9. 10.

Ceſte benediction eſtant oſtée, le baſtõ du pain eſt rõpu, tout ainſi que Dieu en a menacé ſon peuple par ſes prophetes.

Par la pure miſericorde & bonté diuine, non par la iuſtice, nous auons deux ſortes de pain, ſçauoir le pain elementaire, & le pain de ſanté.

Si Dieu ne disoit au malade sois sain, iamais il ne le seroit. Ioan. 1. sect. 10. Hebr. 11. sect. 3. Pseaume 107. sect. 20. Deut. 8. sect. 47.

L'explication du commun dire, est qu'il y a de grandes vertus aux herbes pierres, & parolles.

car l'hõme ne vist pas tant seulement du pain, ains de ce qui est au pain ; de mesme la viande & la vie ne sont pas de la terre, mais de Dieu par sa parolle: que si la parolle n'estoit, ou que le pain fut tant seulemét pain de soy, il s'ensuiuroit que la terre seroit nostre Dieu: mais ja cela n'aduienne, de dire qu'il soit de la terre, ains de Dieu par sa parolle ; donc ceste parolle est la vraye medecine guerissant tout, elle n'a pas esté cogneuë de tous, aussi n'est-il pas permis à ceux lesquels roulent encore dans la poussiere scholastique de la gouster, ny d'en escrire. L'vnique Paracelse (θεῖα φράζων, parlant diuinement, comme vray disciple du grand Moyse, & de la Philosophie viuante) a escrit des secrets de la nature, & des miracles de Dieu, c'est à dire de la maniere de treuuer le Verbe de Dieu incarné aux creatures, lequel est la vraye medecine & seul baston de nostre vie : car par ceste parolle *Fiat*, ont esté creez la semence de tout le monde, le ciel & la terre, & ceste mesme parolle est admirable en toute sorte de creatures; d'autant qu'elles luy sont sujettes, comme à leur propre ame ; donc toutes les operations naturelles des medecins, lesquelles sont faites successiuemẽt par la faueur des herbes, peuuent estre faites par le magiciẽ ou medecin celeste, beaucoup plus valeureusement, & plustost auec les caracteres & pierres, c'est à sçauoir par le signe terrestre de la cõionction ou mariage des influences, ou par l'astralle combination des choses superieures aux inferieures

ferieures : car la mutuelle colligation ou continuité de la nature est lors que la vertu superieure coule aux inferieures par vne continue disposition du despartement qu'elle fait de ses rayons iusques à la derniere, de la mesme façon qu'vne corde bien tendue. Et au contraire, lors que les inferieures paruiennent de degré en degré iusques à leurs superieures, parce qu'il y a vne vertu operatrice, & vne participation des especes, laquelle s'espand par toutes les autres, aussi se peut-il appeller le mariage diuin; car de là l'on tire vne admirable colligation, continuité, influence, & sympathie, & par le moyen de ce mariage du monde l'on peut faire beaucoup des choses en la magie, ou caballe. Et le vray Cabaliste (lequel Paracelse appelle naturel, diuin, & esgal aux Prophetes, l'ame duquel vnie, & mise en droicte ligne auec Dieu fait tout ce qu'elle veut, aussi ne recherche-elle rien que la volonté de Dieu) opere diuinement à l'instant au dessus de la nature, par la fermeté de son asseurance, & merueille de sa foy, vraye porte des miracles fauorise du sainct, & diuin nom de IESVS, auquel toutes choses sont contenuës & recapitulees, c'est à dire, en cet admirable nom, pourueu que les prieres soyent faictes auec esprit & verité. La renaissance est le vray champ de la medecine celeste, laquelle sans aucun milieu externe guerit par vne seule parolle, & ceste operation arriue de la part de Dieu comme ouurier, & de l'homme comme

Toute creature craint, & porte reuerēce à celuy qui l'a faicte.

 instru

instrument : il est asseuré que toutes les creatures portent obeissance aux hommes lesquels reuestus d'vne simplicité colombine sont Docteurs en la loy de Dieu ; ce sont aussi ceux-la lesquels (selon le tesmoignage d'Helie, & Elisee) obtiennent tout ce qu'ils demandent à Dieu par les prieres, c'est à dire, en demandant, cherchant, ou frappant à la porte, accompagnez neantmoins tousiours de la foy: nous impetrons tout ce que nous desirons, & cecy est la fidelle oraison laquelle nous ouure le droict chemin pour arriuer à la perfection de la science des choses tant diuines qu'humaines: car en ces trois poincts principaux consiste tout le fondement de l'art magique, & cabalastique, comme nous pouuons voir chez Paracelse ; au liure troisiesme de la signature des choses. A raison dequoy c'est au seul Createur qui opere tout en tout auquel est deu la louange, gloire, & honneur pour l'acquisition de la fin desirée de son medicament, ou parolle exhibée, toutefois la recompense est deue au Medecin ministre de Dieu, & de la nature, parce qu'il a fidellement, & charitablement administré les remedes desquels Dieu luy a donné cognoissance, aux pauures malades languissans ; il ne doit pas neantmoins vsurper l'honneur qui n'est deu qu'à Dieu, d'autant qu'il n'a rien fourny du sien que la legitime administration de l'art, quant à Dieu il est seul louable, & doit estre benist sur toutes choses, il ne faut pas penser qu'il donne à vn autre l'honneur qui n'est deu qu'a luy mesme, d'autant

Lis au liure des Roys.

Aux Roys 3. Sect. 12. Sapience 7.

Nous sommes obligés à Dieu de la santé du corps, & non aux Medecins. Vous Messieurs les Medecins qui à la façon des Payens Ethniques, sans auoir consulté auec Dieu, lequel seul guerit les langueurs, negligeâs le terme predestiné de la volonté diuine, par vne arrogance temeraire promettez, & deffinis.

tant que c'est luy qui l'a tout donné ; voila pourquoy il est raisonnable qu'il le retire tout à soy : toutesfois selon le commandement de la saincte Escripture le Medecin veritable, & craignant Dieu, merite d'estre honnoré.

sez le temps auec asseurāce, remarquez que c'est à Dieu seul auquel il faut commettre la santé, d'autāt qu'il luy est permis de disposer du tēps selon son bon plaisir.

Premierement, par ce que Dieu (quoy que le Medecin dorme, & repose) ne laisse pas d'operer par luy comme son ministre, & mettre en execution sa volonté, fournissant de medicamens en terre, & sa parole du Ciel, parole, dis-je, sans laquelle les medicamens n'ont aucune efficace, comme le tesmoigne fort bien le Sauueur, lors qu'il dict que sans luy il est impossible que nous fassions aucune chose. I.

Secondement, parce que pour la cure des infirmes (si à la verité nous voulons admettre la santé pour vn tres-grand, ou supresme bien des hommes) le Medecin deuoit preceder tous les mortels en l'inuestigation, & recherche de la lumiere naturelle, à raison dequoy Homere commande que le Medecin soit ἐπιςάμενον περὶ πάντων, c'est à dire, tel qu'il sçache quelque chose de tout, ou pour mieux dire plein de toute cognoissance. II.

Tiercement, parce que le seul Medecin manifeste à tous les œuures admirables de Dieu, tant au grand qu'au petit monde, tellement que non seulement par les secrets, & mysteres descouuerts, voire encor par la cure & restitution de santé aux malades, la gloire & loüange de Dieu est grandement exaltée ; c'est pourquoy la medecine est la plus excellente de toutes les autres sciences & facultez, III.

 d'autant

d'autant que les merueilles de Dieu se voyent miraculeusement en la medecine, laquelle ayant prins son commencement de la Theologie, ou lumiere de grace, va ioindre sa fin à la lumiere de la nature.

III.

Comment ceste medecine couuerte d'escorce doit estre despoüillée, & deuëment preparée par le feu.

Le Medecin perfectionne les creatures de Dieu par le benefice du feu.

TOutes choses ont esté creées parfaictement, quant à la matiere premiere, toutesfois le Chymique paracheue, & donne la perfection à la derniere matiere par le benefice de Vulcan, d'autant qu'en ce bas monde il n'y a rien qui ne soit suiect à la generation & corruption, estant de soy, & par soy parsemé de venin selon l'essence & medecine: en toutes les grandes œuures de Dieu où il y a du mal, il y a aussi du remede; où il y a du venin, il y a de la vertu; c'est pourquoy il faut asseurément conclurre qu'il n'y a rien qui aye esté creé en vain, & que toutes choses sont propres pour quelque vsage particulier: car la nature a esté si preuoyante qu'elle a voulu cōioindre le bon & le mauuais, à fin de nous mettre tousiours Dieu en memoire, & c'est en toutes les choses produictes des Elemens sublunaires: car (comme dit Firmianus) incontinent le tout-puissant doüa de vertu l'homme, & luy donna à l'instant

Sirac. 39. Sect. 26.

l'instant vn aduersaire, à fin que sa vertu ne demeurast oysiue, & perdit sa nature, tellement que le Poëte dit qu'il n'y a rien qui soit heureux de tous costez, ou pour mieux dire totallement, à fin que l'hôme participant de la nature diuine, & maistre de tout le reste des animaux, endure ses Manes, accompagné des furies qui le doiuent agiter. *Rogerius Bachon*, Philosophe Anglois, dit que lors que Dieu faisoit la lumiere, & les tenebres voulut par sa grande, & infinie misericorde faire la medecine, à laquelle sa iustice voulut conioindre le venin comme compagne asseurée, & infaillible, ne plus ne moins que les espines des roses; & de fait on ne sçauroit point cognoistre le bien sans le mal; d'autant que l'aduersaire estant cogneu, le danger n'est pas si eminent, veu qu'il est facile à euiter: en ceste façon le sacré Hermes ancien Theologien, escrit auec l'Ecclesiaste que les choses sublunaires doiuent paroistre par vne contraposition, & contrarieté, & qu'à cause de la generation, & corruption des chôses il est impossible qu'il soit autrement: car tout ce qui n'a point de contraire à craindre, agit contre les loix, si bien que l'homme ne sçauroit arriuer au feste si de sa main propre il ne se pousse à son salut: car Dieu par sa sagesse a ordonné que l'antipathie soit aussi bonne que la sympathie, par lequel spectacle la nature a voulu solliciter les mortels à la recherche, & contemplation de ses secrets, à fin que si l'vn donne horreur à l'autre, l'enuie puisse donner ordre, & medeciner les

La iustice de Dieu est la maladie en toutes choses, comme au côtraire la misericorde est la nature le medecine en toutes choses aussi.

Sapience 8 sect. 15. 16. Siracid 39. sect. 36. Ecclesiast. 33. sect. 2,. 16.

Eccles. 3. sect. 14. 7. sect. 15. Siracid 42. sect. 5.

La cause de la sympathie, & antipathie.

deffauts de ſon enuieux ; c'eſt pourquoy Heraclite, & Homere, diſent que la nature a prins ſon origine de la guerre,& contention; l'homme eſt ennemy de ſoy-meſme, & la cauſe de la mort, & diſſolution n'eſt autre que noſtre Royaume, ou monde mortel, diuisé en ſoy-meſme par vn dueil, & guerre inteſtine, que ſi au corps microcoſmique vne luitte, & combat perpetuel ſont cachez, ce n'eſt qu'à cauſe de la conjonction des contraires ; & de fait c'eſt en ceſte façon que le conſeruateur, & deſtructeur de la ſanté ſont cachez, & celle-cy eſt la raiſon pourquoy les ſaincts perſonnages ont appellé le corps microcoſmique,& mortel, Purgatoire,& Enfer, auſquels il ne faut iamais eſtre en repos, auſſi l'anatomie de la mort treuue & prend ſon logis en la republique de la vie : car la nature commande aux Medecins d'eſtre miniſtres, ou ſeparateurs, & non pas maiſtres & compoſiteurs ; d'autant que les remedes demandent les preparations, ſeparations, & exaltations, auant qu'ils puiſſent faire montre de leurs vertus conjoinctes, & occultes : mais tout ainſi comme toutes choſes ſont eſprouuées par le feu, de meſme auſſi l'examen de la ſcience de medecine doit paſſer par le feu, d'autant que la medecine, & chymie, ne peuuent point eſtre ſeparées l'vne de l'autre: car la chymie (i'entens la vraye chymie, & non pas celle de laquelle les impoſteurs ſe ſeruent pour leurs blanchiſſements, ou rubefactions) ſepare non ſeulement les choſes vrayes, ſimples, les ſecrets, les merueilles, les myſteres, les

les vertus, & forces concernans la santé; ains encore à l'imitation du ventriculle archée, chymique, & naturel, enseigne à separer quel mystere que ce soit en son reseruoir; voire mesme les medicamens de leur couuertes impures & mauuaises par vne deuë separation, à fin que ceste simple & crystalline matiere, ou nature simple soit exhibée aux corps; toutesfois c'est là le poinct de la desliurer de sa captiuité & prison, prouince & exercice tres-digne, auquel les medecins doiuent consommer leur aage: car à la verité sans la Philosophie chymique la medecine est morte, & sans pouuoir; & de fait hors de la cognoissance chymique, la theorie est aussi vaine que la practique en fait de medecine; aussi c'est en vain de chercher le lieu, & cause de la maladie si l'on refuse la difficulté spagyrique: doncques en ce fait il se faut prendre garde à ne point imiter nos vulgaires Medecins, lesquels cherchent des sauuegardes de leur ignorance, par le labeur & veilles des autres, donnans la preparation de leurs medicamens entre les mains des Pharmaciens, pour l'ordinaire auares & rapins: (toutesfois ie ne parle pas icy de ceux qui craignans Dieu se portent au deuoir de la raison, sans blasonner aucunement la Chymie:) car par ceste artificielle resolution des corps, les proprietez nous viennent deuant les yeux à souhait, ie dis des proprietez lesquelles nous estoient cachées à cause de la composition; d'auantage par ceste mesme resolution comme par vne cynosure artificielle voilée du Chymique, plusieurs ont

 atteint

atteint le but, & perfection des sciences les plus occultes, non seulement de la nature, ains encor de toutes les creatures auec l'admiration,& estonnement de tout le monde, toutesfois ce n'est pas sans cause. Doncques il faut que le sage Medecin soit exercé en ceste vitale anatomie, ou (pour mieux dire) vraye separation du corps, ainsi que nous auons desia dit cy-deuant; d'autant qu'il n'y a aucune proprieté constante en quel corps que ce soit, qu'elle ne soit descouuerte par le moyen du sel du mercure, ou du soulphre des mesmes corps: car premierement il faut prendre garde de separer en trois ordres tous les corps de ce globe inferieur, sçauoir en mineraux, vegetans, & animaux; d'ailleurs les indiuidus, ou parties indiuidues, doiuent estre rigoureusement examinées; d'autant que c'est par ce seul moyen que nous faisons rencontre en chasque ordre des proprietez admirables des trois principes: car dans la boutique des choses (s'il est permis d'ainsi parler) se treuue le sel animal, vegetant, & mineral; le soulphre animal vegetant & mineral, aussi bien que le mercure, parce que la premiere face de toutes choses a esté creée pure, entiere, parfaicte, & exempte de corruption, & de mort: car ce grand protoplaste, & supreme architecte voulant mettre au iour ce tableau miraculeux de tout ce qui a esté, la creé parfait & bon, à fin qu'il fut glorifié par ses creatures destinées à viure sainctement, & sans aucun diuorce, selon l'ordre que deslors leur fut prescrit, & ordonné par la puissance diuine;

Par les vegetans l'on entend les plantes, arbres, zoophytes, animaux, & brutes, par ordre, comme rampans, nageans, volans, & le reste de quatre pieds.

diuine ; au commencement l'homme fut creé au plus haut periode de santé (aussi l'on n'attribue pas le principe de la maladie à l'homme, ains à la femme)mais tout aussi tost que l'homme fit son entrée au monde, il ouurit la porte à la mort par l'apparition des deux contraires, sçauoir l'externe corruptible, & l'interne incorruptible, si bien que ces deux estans mis ensemble, il fut impossible qu'ils demeurassent long-téps en vn mesme sujet : doncques apres la preuarication & deffection de l'vnité à l'alteration par vne malediction diuine arriuerent en mesme téps des nouuelles teintures (ἰλιὰς τῶν κακῶν) sçauoir vne grande suitte de mal-heurs par le meslange, desquels la beauté de toutes les creatures a esté sujette s'il semble à la misere du sort, si bien que l'impureté se voulut conjoindre auec les racines pures, & c'est là où la maladie a prins son origine : car les racines des maladies ne consistent pas en certains indiuidus ou especes indiuidues exterieures, ains aux pures & premieres semences incorporées & meslées auec les choses mesmes ; quant aux nutriments des choses naturelles ils sont les fruicts des semences florissans aux quatre matrices ou elements : donc la nature ne nous a donné aucune chose icy bas, laquelle estant comme elle est (c'est à dire auec sa composition) puisse estre appellée pure & nette, d'autant, qu'elle a fait vn meslange d'vne infinité d'impuretez, affin que dés nostre enfance elle nous peut exciter à l'acquisition de ceste science Chymique ; d'autant qu'estant bannis du

Siracid. chap. 38. sect. 15.

La transplantation des creatures a esté par calamité & arriuée des maladies.

Apres la deffaillance, tant à raison de la creation, que de la propagation, ennemy tel qui cause la mort par sa naturelle contrarieté.

Celuy qui apprend la cognoissance de Dieu & de soy mesme se peut vanter d'auoir bien cultiué la terre.

Les hommes declinent de leur perfectiō & se rendent semblables aux brutes par la trop grande liberté.

L'oysiueté est chassée par le moyen du labeur.

L'oysiueté est le bassin de sathan.

Paradis en ce mortel sejour, il failloit que nous eussions en reuerence la terre, c'est à dire ceste grande & vaste machine par la recherche, cognoissance, & admiration de l'vn & de l'autre monde, tant visible qu'inuisible ; & pour la preparation ou appareil de nos viures, & autres semblables, soit pour la sustentation de ceste presente vie laquelle nous est comme vn vray ouurier de la nature ; donc il falloit que nous prinssions peine, non pas en apparence, ains reellement, & par la sueur de nostre corps, ou pour l'acquisition des fruicts de la sagesse tant terrestre que celeste, ayans le col plié sous le ioug d'vne croix autant aggreable que volontaire ; aussi c'est le vray moyen pour ne point se veautrer dans le salle bourbier du vice, lequel n'est iamais rencontré, si ce n'est par l'assistance de l'oysiueté, vray principe & origine de toutes les impures salletez, voila la vraye & asseurée fin de la creation de l'homme, lequel conduict par la crainte & amour de son Dieu cultiue son champ, affin de recouurer ce qu'il a perdu par le passé, ioyeux neantmoins de ne point perdre son temps en oysiueté sans se desuoyer seulement d'vn pas de la volonté de son Createur, celuy-là, dis-je, guidé par vne certaine lumiere naturelle se fait instrument, habitation & tabernacle du Tout-puissant. Le Psalmiste nous asseure que le vray moyen pour euiter les mauuaises pensées est de marcher incessamment dans les sacrez sentiers, que nostre pere celeste nous a tracez ; c'est à dire en ses œuures par la consideration & obseruation des

des choses tant infinies que supremes, recherchant les miracles par la faueur de la lumiere naturelle, & manifestant les secrets du Ciel, celebrant & admirant la sagesse, puissance, & bonté infinie du souuerain Createur, laquelle ne fault iamais aux mortels, soit qu'ils ayent enuie de profonder les merueilles & mysteres incomprehensibles de la diuinité, ou l'esclaircissement des prodiges miraculeux: mais laissons à part ces aliments pour retourner à nos medicaments cheris de tous ceux, lesquels sont d'vn iugement sain & rassis (s'ils ne se veulent gouuerner à la façon de nos premiers parents, lesquels ne prenoient pas seulement la peine d'oster l'escorce pour manger les glands) mais parlant de nos medicaments, i'entends ceux qui sont faits par separation, d'autant que par cest art l'on separe le bon du mauuais, l'vtile de l'inutile, les cendres du feu, l'esprit mineral de la matiere, les parties homogenées des heterogenées, les venins de la medecine & baulsme salutaire, la lumiere des tenebres, la vie de la mort, le iour de la nuict, le visible de l'inuisible, le pur, le celeste, le noyau, & moüelle du terrestre, de l'impur, de l'escorce, des membranes, coquilles, enueloppements, caillous & feces, vrays domicilles & vestements des medicaments contraires au corps humain, de l'ame habitante par le ministere de la superelementaire, la quintessence conuenable au baulsme interne de nostre corps, vraye amie correspondance, laquelle nous enseigne l'art de separation, affin que cestedicte essence viuifiante soit

Les seules purifications sont les vrays corrigeants de toute sorte de remedes.

Tout ne plus ne moins que la mort separe les choses eternelles & caduques, de mesme aussi Vulcan separe le bon du mauuais & la quintessence du corps.

Sirac. 39. sect. 39. 49.

soit cogneuë & cueillie, les facultez de laquelle (apres la solution des liens) s'esleuent plus haut, & se font recognoistre plus promptement par la manifestation de leurs forces plus viues qu'auparauant, & de fait il n'y a aucun venin, lequel n'aye son baulme ou antidote correspondant à la nature humaine, si bien que tous les animaux venimeux portent quant & eux le remede cõtraire à leur venin, bon neantmoins en son genre, d'où vient que souuent ce qui est venin aux hommes, est vn familier aliment aux autres animaux, comme nous voyons des araignes, lesquelles sont profficables aux poules & aux moineaux; les crapauts aux serpents, les serpents aux cerfs & aux cigoignes: mais aussi c'est asseuré que ces formes extraictes des medicaments operent auec plus de vigueur que non pas quand elles sont encore enseuelies dans leur matiere, laquelle empesche la puissance operatrice du secret, voire l'ame ou forme specifique de chasque chose surpasse les forces & vertus de la matiere ou corps, tant en nombre qu'en excellence & de fait personne ne doubte que chasque chose ne prenne son estre de la forme, & d'autant plus l'estre se prend de la forme, d'autant plus se prend il de l'entité; ce que les Chymiques contraincts par leur propre conscience ont librement aduoüé; d'autant que de là s'ensuiuent des grandes incommoditez. Premierement, en ce que les malades n'ont pas tant de repugnance à prendre vne petite quantité, veu mesmes que souuent on remonstre des naturels si difficiles qu'ils aymeroient

Les raisons pourquoy la medecine spagyrique preparée deuëmẽt doit-

meroient mieux cent fois la mort, que d'aualler ces grands verres de potiōs crasses & troubles plus propres à corrompre les complexions du corps humain, que de les moderer: toutesfois ie ne m'estonne pas si les malades les refusent, veu mesmes que les medecins en ont horreur en les ordonnant, outre que quiconque diroit à vn Apothicaire de les prendre soymesme, il les espancheroit plustost à la ruë. Secondement, en ce que le ventricule n'est iamais offensé par leur vsage, voire mesme par la reiteration, n'y ayant aucun obstacle par lequel elles soient empeschées de mieux faire leur deuoir: la raison est, qu'estant separées dans le ventricule par vne certaine force naturelle, elles sont plustost portées dans les conduits plus cogneus, si bien qu'elles agissent auec plus de celerité au corps, & par mesme moyen sont receuës plus vistement par le mesme corps, & par ainsi leurs parties aspres & terrestres adherantes aux internes, ne peuuent vlcerer, ny moins encor rendre malades ceux lesquels en vsent souuent. Tiercement, que par le moyen de ces essences, toutes les qualitez inuisibles (si à la premiere preparation elles ne se peuuent totallement oster) par le meslange des autres tres-exquises sont chassées, & expulsées auec plus de facilité; Et (ce que nous ne pouuons aucunement nier) c'est art spagyrique est tellement necessaire, que les medecins ne sçauroient estre sans iceluy, si ce n'est auec vn grand dommage: car en vne mesme chose simple souuétesfois les substances sont dissemblables,

estre preferée aux compositions des boutiques ordinaires.

bles, voire qui pis est, ont des proprietez tout à fait contraires, l'vne desquelles sera salubre, & par mal-heur les autres malignes & nuisibles, comme il appert à l'opium, & au miel, desquels elles ne peuuent iamais estre cognuës sans la separation des substances, laquelle se fait par le moyen de l'art spagyrique; les Galenistes mesmes par le moyen dudit art font leurs plus grandes merueilles, asseurans que tout ce qui est amer, est chaud par consequent, quoy que l'opium tres-amer aye la vertu d'assoupir, les roses & cichorées, encor quoy qu'ameres sont neantmoins refrigeratiues; quant à ce nœud il doit estre coupé par le couteau anatomique, c'est à dire le feu, & par ainsi ayant fait la separation des substances nous cognoistrons le temperament des simples & treuuerons au mesme opium le soulphre doux narcotique, le sel amer chaud, esmouuant à sueur par vne subtile resolution sans aucune vertu stupefactiue, ou pour mieux dire assoupissante, & ce qu'à bon droict doit estre plus admiré (selon que les experts medecins ont recogneu, lesquels du mal en sçauent fort bien tirer le bien & vtilité) c'est que les venins metalliques quoy que tres-pernicieux sont corrigez par la faueur de c'est art, auquel le feu est le principal instrument, si bien qu'ils peuuent estre exhibez auec toute asseurance au corps humain, comme il se void à l'arsenic exemple de la plus effrenée malignité, lequel neantmoins rendu fixe par le sel-petre sous la tutelle de Vulcan, n'est aucunement à craindre : car les mineraux, (les esprits

Le venin reduit en secret n'est plus venin, ains vne medecine tres-excellente, de mesme les planettes terrestres sont deslivrées de leur lepre, & les mauuaises odeurs par la digestion sont renduës tres-suaues.

prits desquels surpassent les nostres en subtilité) ny les pierres precieuses ne doiuent point estre bannies du nombre des medicaments; ie dis qu'ils ne doiuēt point estre exclus du nombre des medicaments, parce qu'estans deuëmēt preparées, ont beaucoup plus d'efficace pour la guerison des maladies, que non pas les vegetās; la raison premiere est parce que ces vertus fortes & grandes ne peuuent estre imprimées ny retenuës par lesdits vegetans à cause de la mollesse de leur matiere; que si ces vertus y sont imprimées, du moins elles ny peuuent estre retenuës, comme i'ay desia dit; à cause de leur tendresse, outre qu'il seroit impossible que les vegetans sujets à la corruption, peussent empescher le corps humain de corruption, comme font les esprits des metaux parfaicts, lesquels brauent & font teste à la corruption.

Secondement, il est tres-certain que les mineraux & metaux imparfaicts sont doüez des admirables vertus medecinalles, comme l'on void fort bien aux medicaments chyrurgiques, lesquels sont presque tous composez auec les metaux ou mineraux imparfaicts; que si les imparfaicts sont tels, il faut conclurre que les parfaicts ont receu de plus grandes & admirables vertus du ciel.

Tiercement, que la nature, quoy que desireuse d'engendrer des plantes & animaux propres, non seulement à vne action determinée, ains à plusieurs & diuerses fonctions, n'a pas eu la licence de meslanger ces corps en façon que les vertus admirables s'en ensuiuissent, ad-

mettans

mettans la nature solide du baulme.

En quatriesme lieu, que la generation des pierres ne peut estre acheuée qu'auec vn long interualle de temps contraire à celle des corps parfaicts, laquelle n'admet pas vn si long espace : donc la nature fauorisée d'vn plus long interualle de temps, a plus eu de loisir d'orner les pierres precieuses & autres corps metalliques de plus excellentes facultez, n'estans cesdits corps empeschez par la varieté des offices des sensibles & mobiles, ioinct que les pierres precieuses sont à bon droict plus recommandables que les autres, à cause de leur grande temperature & splendeur, comme au grenat de Boheme, la splendeur duquel ne peut estre domptée par l'ardeur du feu tant soit elle vehemente : mais peut-estre quelqu'vn me demandera d'où cela : auquel il est facile de respondre, cela ne prouenant que de la fixation des esprits remarquée en iceluy ; c'est pourquoy (quant à la cure des maladies) il est exhibé en place de l'or, de mesme que le rubis Oriental souſtenant à grād peine autant d'heures l'examen du feu que l'autre des mois; donc le grenat merite mieux d'estre mis en vsage de medecine que le rubis : toutesfois ie desire que cecy soit remarqué en passant ; c'est que les pierres precieuses tirent leur couleur, forme, & teinture des metaux par la formation des Astres, selon l'intension ou remission de leur couleur : car elles ne sont autre chose que metaux transplantez, d'autant que les grenats & rubis ont la teinture de l'or, les saphirs & turquoises

Les pierres precieuses sont des estoilles elementaires.

quoises de l'argent, les smaragdes & chrysolites du cuiure, les hyacinthes & topazes du fer, & le diamant de l'estain; quant au plomb il fournit la conjonction & le poids, comme nous voyons en ces fausses pierres faites auec le mine & poudre de caillou blanc & transparant, meslangés auec proportion. La forme metallique adioustée auparaduant auec l'ayde du feu, & quoy que telles pierres ne cedent aucunement aux fines, tant en couleur qu'en beauté: toutesfois leur falcification est recognuë par les lapidaires en la pesanteur ou mollesse: que si par hazard se rencontre quelqu'vn, lequel par sa simplicité croye l'vsage des metaux n'estre aucunement bon en faict de medecine, pour le moins en la vie ciuille (quoy qu'ils soient aussi bien fruicts des elements que les animaux & vegetans) toutesfois ils n'ont pas esté creez pour la nourriture de l'homme, ains seulement pour la medecine en faueur de l'homme. De dire que les mineraux n'ayent aucune concordance auec le corps humain, il semble y auoir de l'absurdité, veu que l'homme est participant aux trois premiers; or donc que telles gens sçachent que le sperme animal vegetable & mineral ont vne mesme origine, si bié qu'ils ne sont tant seulemét differents que de la qualité du lieu & du receptacle: car les principes animaux, vegetans, & mineraux sont sans aucune difference, si ce n'est du costé du receptacle: car c'est autre chose que principe vegerant, & autre chose, principe mineral, quoy que l'vn & l'autre descendent d'vn mes-

Lis le Manuel de Theophraste.

Les mineraux redonnent la santé aux hommes: car lors que le corps préd sa medecine du monde par ce qu'il est monde, s'ensuit que tout mineral appliqué à son mineral qui est contenu au corps physique, allege l'homme.

me genre principal & generalissime (sçauoir la semence generalle de toutes choses,ou pour mieux dire,le sujet de la premiere matiere, lequel doit estre diuisé apres en trois gēres principaux, sçauoir en animal,vegetable, & mineral, duquel la sage nature prend le naturel du mercure pour en creer quel autre composé que ce soit. Voila pourquoy nous pourrons librement dire,que toutes choses sont deriuées d'vne mesme vnité & tendent à vn:*in nocte Orphei & orco Hypocratis*, toutes choses ensemble ne sont qu'vne vnité, comme il est encor tesmoigné *in πανσπερμία Anaxagorica*, mal entenduë par Aristote; mais apres que ceste vnique nature, essence & matiere de toutes choses vient à se produire (selon la volonté de Dieu, lequel est le vray specifique de toutes les creatures) elle s'affuble de beauconp & diuers corps, selon la disposition & diuersité du lieu ou receptacle,ou mesme selon l'agitation & operation de l'esprit vniuersel: car en ce lieu icy croistront les vegetans, en celuy-là les mineraux, & en vn autre les animaux; en sorte toutesfois que l'vn cede la place à l'autre & luy sert de nourriture, d'autant que cest ordre a esté prescrit à l'œconomie sublunaire, sçauoir que les mineraux fussent la pasture des vegetans, les vegetans des brutes, & les brutes des hommes; ce qui ne se pourroit faire, si la nature n'estoit la gradation d'affinité de l'vn & de l'autre iusques au premier genre duquel toutes choses sont procedées.

Ainsi l'esprit de vie n'est qu'vn, espandu par tout le corps humain: toutesfois il est diuers selon la diuersité des parties ausquelles il est contenu.

Donc toutes choses procedent d'vne mesme

me source, & apres leurs cours sans aucune vanité s'en retournent à leur lieu, affin de jouyr d'vne beatitude constante & immuable: & de faict cest esprit vniuersel appellé selon Agrippa Sujet de toute merueille, ou Ens qui ne peut estre compris d'aucun sens, donnant le bransle à toute ceste grande masse, fait toutes les operations en toutes choses & remplit ceste vaste machine, c'est le genie de Dieu (s'il est permis d'ainsi parler) qui tient & contient tout le monde en soy: Auicenne fauorisé de l'authorité de Platon, des Arabes & des Caldeens, a bonne raison de l'appeller Ame du monde diffuse & dilatée en toutes choses: cela soit neantmoins entendu hors de superstition & culte d'idolatrie, parce que Dieu ne veut ceder à vn autre l'honneur qui n'est deu qu'à luy mesme; la nature, dis-je, conjoignant les choses infinies & moyennes aux plus hautes par vn certain accord harmonique, fait des choses autant dignes d'estonnement que d'admiration, selon la diuersité de son sujet ou receptacle, soit aux animaux, vegetans ou mineraux, tantost en l'vne & tantost en l'autre des troisdites familles, comme mesme nous auons veu de nostre siecle à l'enfant Sylesien, auquel ceste sage mere nature auoit fait present d'vne dent d'or à la machoire inferieure de costé senextre. Ie le puis dire comme l'ayant veu à Prague en la Cour du tres Illustre Prince D. Pierre Vrsin de Roses: toutesfois ce prodige ou plustost miracle de la nature n'apporte pas tant d'estonnement & admiration aux philosophes herme-

Rom. 8. Voy l'Apocalypse de Hermes & Paracelse.

L'ame du monde est vne certaine vie vnique remplissant, colligeant & attachant toutes choses, à fin que des trois genres des creatures intellectuelles, celestes & corruptibles, il se fasse vne seule machine de tout le monde par la vertu qu'elle a des idées, & rend fecondes toutes choses, tât naturelles qu'artificielles, influant en elles les proprietez que nous auons coustume d'appeller essence.

tiques curieux ſcrutateurs des ſecrets naturels, leſquels ne veulent ignorer aucune choſe, excepté ce qui ne doit eſtre recherché des hommes : la raiſon pourquoy ils ne s'eſtonnent pas de ce joüet de nature, c'eſt parce qu'ils ſont aſſeurez, que le meſme eſprit mineral qui produit l'or dans les entrailles de la terre, ſe retreuue encor en l'homme, ſi bien que ceſt eſprit en l'or eſt de meſme auec l'eſprit generant de toutes les creatures, & eſt la meſme & vnique nature generatiue diffuſe & dilatée en toutes choſes. Ceſt eſprit a prins maintenant vn corps naturel : le premier mobile gouuerneur de la nature eſt en toutes choſes naturelles, cõſerue tout, par luy ſont toutes choſes, & regit tout ce qui eſt en ce bas element par vn certain harmonique concert. Le grand Albert eſcrit, qu'en ſon temps on trouua de l'or dans la teſte de quelques pendus : & au liure qu'il appelle *Mineraliũ*, aſſeure que par tout l'or ſe retreuue: car (dit-il) il n'y a aucune choſe elementée ſans les quatre elements, à laquelle on ne deſcouure naturellement l'or à ſa derniere ſubtiliſation ; c'eſt pourquoy les philoſophes aſſeurent, que la matiere de leurs myſteres eſt par tout, & que par conſequent ſe retreuue par tout: car ceſte matiere eſt en toutes choſes elementées ; or eſt-il que tout ce qui eſt, eſt elementé, la concluſion n'eſt pas difficile à tirer de là.

La nature eſt l'image de Dieu, le feu inuiſible ou vigueur ignealle, par laquelles toutes choſes ſont augmentées & multipliées.

Souuent la nature ſe jouë de ſa maiſtriſe, de ſon art, & de ſes forces.

Outre cela, le meſme grand Albert preuue, que la plus grande vertu minerale eſt en chaſque homme, & principallement en la teſte, & entre les dents : & de faict il eſcrit encor, que de

Au traicté *de mineralibus*.

de ſon temps on trouua des grains d'or dans les ſepulchres d'aucuns morts : mais c'eſtoit entre les dents, ce qui ne pourroit aucunement eſtre, ſi ceſte vertu mineralle (laquelle eſt dans l'Elixir des philoſophes) n'eſtoit en l'homme. Ainſi ce grand philoſophe Chymique Morienes interrogé par le Roy Calid, touchant la matiere de l'Elixir, reſpondit, c'eſt toy-meſme qui es la matiere, & miniere de ceſt Elixir, ô Roy. Ie ne ſçay pas ſi ce docte Raymond Lulle a debatu cela auec plus de ſoing ou diligence, veu qu'il aſſeure, qu'il a tiré ſa matiere d'vne choſe vile & de bas prix. *Riplæus in Portis*, fauoriſe l'opinion de l'vn & de l'autre, diſant; ſouuien toy, que l'homme eſt la plus noble des creatures, auquel eſt la neutralle mercurialité des elẽmẽts proportionnez, ne paroiſſant point, & toutesfois eſt produitte artificiellemẽt de ſa miniere. Suppoſons ce *Rhaſis* à *Riplæus*, afin qu'il ne ſoit totallement different de Lulle : Voicy ce qu'il dit au liure de la Diuinité, ſçache que les choſes par vn ſubtil artifice, ſont tellement attachées à la nature, que toutes choſes ſont l'vne dans l'autre, du moins en puiſſance, quoy qu'elles ne ſe voyent actuellement; toutesfois ie laiſſe ces diſcours ne ſeruant à autre choſe, que pour cõtenter la curioſité. Ie pourrois bien donner à teſmoing vn nombre preſque infiny de philoſophes qui confirment cecy, non pas auec des vulgaires arguments tirez de la ſuperficie ; ains des plus profondes entrailles des choſes, cecy toutesfois ſoit dit en paſſant.

Lulle a eſté vn diuin & tres-conſommé Philoſophe, c'eſt pour quoy Paracelſe l'a taxé mal à propos.

La matiere de la pierre eſt dite eſtre en toutes choſes à raiſon du premier mouuant aux choſes naturelles, lequel eſt appellé eſprit vegetant, par le moyen duquel noſtre matiere abõde plus en pierre qu'en autre choſe : ceſt eſprit ſe treuue tant aux animaux, vegetans, que mineraux.

D'auantage l'vſage Chymique qui enſeigne

l'extraction, ſeparation & ſubtiliſation n'eſtoit pas en vſage du tẽps de Galien (car on ne pouuoit pas ſeparer les eſcorces des noyaux) ie ne dis pas qu'il ne le deſiraſt auec paſſion, & de faict ſes parolles le demonſtrent, lors qu'il dit, qu'il ſe ſoubmet à toute ſorte de peril, s'il ſe peut treuuer quelque machine, laquelle puiſſe faire la ſeparation des parties contraires, comme au laict & vinaigre compoſés de chaud & froid : que s'il euſt eſté verſé en l'art de diſtillation il fut bien venu au bout de ſon deſſain. Ie ne veux pas pourtant conclurre, qu'il y aye eu du des-honneur pour Hypocrate ny pour Galien d'auoir ignoré la Chymie : car Dieu & la nature (laquelle eſt l'ordre des œuures diuines, obeïſſant à ſes commandements & puiſſance) ne font rien en vain, & ne deſliurent pas toutes choſes en meſme temps aux humains : toutesfois ils font leurs preſents ſucceſſiuement de ſiecle en ſiecle, & donnent ce qu'ils voyent eſtre plus neceſſaire ſelon le temps, d'où appert combien diſſemblable a eſté le iugement de pluſieurs anciẽs, leſquels ayant appris qu'en eſtrange païs ſe treuuoit des perſonnes, leſquelles ſçauoient quelque choſe, à laquelle ils eſtoient aueugles, ils ne plaignoient pas leurs peines, & ſans crainte du danger s'expoſoient librement à la mercy des vagues, pour aller apprendre ce qu'ils ignoroient. Ie ne fais point de doute, que Galien n'euſt fait grand eſtat de la ſcience de Paracelſe, s'ils ſe fuſſent rencontrez en vn meſme ſiecle, & ayant eſté ſi auide d'apprendre comme il a eſté, il n'euſt pas deſdaigné le

Lib. 1. cap. 19.

Au laict ſe treuuent trois choſes ; la premiere eſt celle matiere groſſiere qu'õ appelle ſeré ; la ſeconde le beurre ; la troiſieſme le fourmage pris & coagulé, quant à ce qui eſt terreſtre audit laict, n'eſt rien que ſel.

le charbon, voire mesme il eust esté bien aise de seruir quelques années Theophraste, tant pour apprendre la separation des trois principes au vinaigre, que pour la preparation des grands Magisteres & Elixirs, & se fut librement soubmis à souffler, lutter, & veiller pour son seruice; en fin quelle condition n'eust-il pas embrassé pour venir au but de ceste si excellente science? Ie croy qu'en despit de l'enuie & malice des tristes Philerastes medecins il se fut raualle iusques là, que d'estre son marmiton; des Philerastes, dis-je, lesquels ayant à peine mis le pied au sueil de la porte de la medecine spagyrique, ignorans de la creation & composition de l'homme interne astral; aueugles aux esprits mechaniques des maladies, n'ont point d'honte, (ayants comme l'on dit passé deuant le four du pasticier) de mesdire de Paracelse, l'honneur de l'Allemagne, vray culteur des sciences tant diuines qu'humaines, plus docte mille fois qu'eux-mesme, iusques à dire qu'il est vn ignorant, incapable de la philosophie, malicieux, qui ont voulu taxer la candeur de sa vie, & rendre les mousches des elephants. L'on sçait bien qu'il n'y a personne en ce monde qui soit exempt de quelque imperfection: c'est pourquoy eux-mesmes se coupent la gorge de leur propre couteau, estant hommes aussi bien que luy: donc le meilleur est celuy qui est le moins vicieux: car les autres sont, cóme dit l'Euangile, ne voyans pas ce qui pend au bout de leur robbe, & souuent arriue qu'ils taxent les autres des mesmes vices, ausquels ils sont enclins, & par ainsi ils oublient les poutres de leurs yeux, pour regarder vne petite paille à celuy de leurs freres.

A la mienne volonté que les ambitieux Medecins de ce temps là taschans de frustrer les autres de l'honneur qui leur est deu, portant vn œil de basilic dans le cœur contre Theophraste, sans auoir prins garde à leurs deffauts, peussent voir ce beau Soleil leuant (ie le desire pour l'amour de celuy qui est la fin de la medecine, sçauoir Dieu, tres-bon, & tres-grand, lequel nous deuons aymer de tout nostre cœur, & nostre prochain comme nous mesmes) & cela estant, ie crois qu'ils l'eussent traicté plus doucement, & eussent plus misericordieusement passé ses imperfections humaines, improuuées neantmoins de tous, voire plus misericordieusement encor que les Galenistes, lesquels se mocquoient de l'escole de Moyse, & de Iesus-Christ; O que si cela fut! ie suis certain qu'il eust plus clairement, & fidellement manifesté ses secrets, qu'il auoit receu du Ciel, à la posterité, & traictant de leurs preparations ne se fut pas serui de mots si ambigus & difficiles comme il a fait; c'est pourquoy auiourd'huy l'escole spagyrique n'auroit pas occasion de declamer contre l'ingratitude de quelques-vns de son temps, sans lesquels on treuueroit la verité des preparations dās les escrits Theophrastiques: d'où arriue qu'il se treuue peu de gens qui ayent les vrayes preparations selon son sens: car elles demandent, & requierent les solutions, mortifications, cohobations

Au second liure de la difference du poux.

Voy Paracelse in Paragrano.

bations

bations, resuscitations philosophiques, & autres semblables, lesquelles sans la vraye physique, astronomie, & Chymie, ne sçauroient estre entendues d'aucun Medecin, ne pouuant estre acheuées qu'auec vn long espace de téps: mais à quoy pense-ie? Ie croy que nostre miserable siecle n'est pas digne d'vne si rare medecine: car Dieu par son iuste iugement a coustume de priuer les hommes de ses merueilles, à cause de leurs pechez: & de faict il semble qu'il y a de l'apparence, veu que nous sommes en vn siecle si miserable & peruerti, que les hommes mettant en paralelle le vice auec la vertu, le des-honneur auec l'honneur, & la verité auec la mensonge; aussi presque tous les curieux en la recherche de la pierre chrisopeia, ou philosophale, negligent la deuë preparation des medicamés. La raison est; par ce qu'ils n'entendent pas si bien la vraye philosophie de Paracelse, moins encor ces grands liures de Theophraste, citez *in labyrintho medicorum*, comme s'ils les auoyent diligemment veus auant les preparations, & separations des choses naturelles: outre-ce ie voy plusieurs des Chymiques qui se fourrent dans les Cours, lesquels par leur luxe sont frustrez de la verité des affaires de Cour, & deceuz par les vaines flateries des courtisans, ou par ce qu'ils negligent ces merueilles de Dieu, ou par ce qu'ils sont inhabiles à ces admirables miracles du Ciel: comme i'en ay desia veu plusieurs, lesquels ayans bien commencé, ont sur le dernier ressort mal fini, à raison dequoy ce diuin art de la spagy-

Il faut que le Medecin soit astronome, car autremét Paracelse appelle sa medecine seduction & imposture, à raison dequoy plusieurs sont submergez dans les flots auec Icare.

En la medecine y a quatre colomnes, sçauoir la Philosophie, l'alchymie, l'astronomie, & la physique, qui est la vertu, ou medecine.

rie eſt diffamé par le vulgaire (quoy que des long-temps aye eſté ſoupçonné d'incertitude, & d'impoſture) & demeure aneanti auec les plus hautes ſciences : cõme incapable de donner du pain à ſon maiſtre, toutesfois il ne me ſemble pas raiſonnable de condamner vne choſe laquelle eſt bonne de ſoy, pour les abus, & impoſtures qu'on luy met ſus : car quelle choſe y a-il au monde, de laquelle ſi on en abuſe, ne tourne au des-honneur de celuy qui la fait? mais les hõmes ſont venus à ce poinct, que tant meilleure eſt la choſe, tant mieux ils en abuſent ; perſonne ne s'oſeroit oppoſer aux Thraſons Atheniens, leſquels aſſeurent que la lumiere eſt les tenebres, & les tenebres lumiere; d'autant qu'ils ont preſque tout ce monde immonde pour deffenſeur de leurs vaines vanitez : car pour le ſeur le monde ne cherche pas la verité, ains ſon honneur propre, c'eſt pourquoy Dieu nous permet vn ſens mauuais, à fin qu'enuieuſement nous-nous pourſuiuions l'vn l'autre, & ſoyons nous meſmes la cauſe de la deſtruction de noſtre regne : O fonteine de verité, & ſageſſe, regarde nos affaires, auſſi bien que le cœur de ceux leſquels par vn ſainct deſir combattent iour & nuict contre ceſte imminente metamorphoſe : mais le tres-haut leur donnera leur fin à ſon temps : & i'eſpere cependant que Dieu ſuſcitera bien-toſt quelques beaux eſprits leſquels mettront au iour la verité des ſciẽces (ſi l'inuentiõ des arts n'a encor receu ſon dernier coup de pinceau) & deſracineront la zizanie des ſciences, refutans les erreurs,

reurs, & deceptions des escoliers, non pas par parolles, ains par effect, non par syllogismes, ains par la chose mesme: car deslors que le parfaict sera venu au temps de la renouation, & regeneration, il faudra necessairement que tout ce qui sera imparfaict mette la teste au ioug de la perfection: car là où est la superbe auec ses tiltres & grades, il n'y a aucune humilité, aucune vie de Christ, ny aucun sainct Esprit, comme il appert manifestement à plusieurs lesquels permettent, & donnent la domination du corps à l'esprit syderique; cependant ie supplie la diuine Majesté qu'elle enuoye son sainct Esprit à tous les vrais amateurs de la verité, à fin que les ayant retirez du gouffre des tenebres, ils puissent estre illuminez, & retirez des contentions douteuses.

IV.

Par quelle vertu, & comment la medecine agit au corps humain, & chasse les maladies.

IL faut en ce lieu icy faire vne remarque touchant ces deux axiomes si souuent debatus parmi les escolles de medecine, sçauoir si selon l'oracle d'Hypocrate, *contraria contrariorum*, ou selon Paracelse, *similia similium*, sont remedes; toutesfois quoy qu'ils semblent estre dissemblables, & contraires en apparence, ils doiuent neantmoins estre admis en l'anatomie naturelle:

Au liure *de flatibus*.

naturelle : d'où arriue qu'en cas semblable beaucoup de gens ne peuuent pas comprendre le sens des Philosophes, par ce qu'ils ne prennent pas garde, que leur discorde n'est qu'en apparence, si le poinct de leur debat est expliqué sainement & à propos : car qu'est-il la medecine autre chose, sinon l'apposition de ce qui faut, sçauoir des forces, & restablissement du baulme, ou le retranchement de ce qui redonde, sçauoir des impuretez maladiues ; doncques Paracelse ne fait pas contre Hypocrate, lors qu'il dit, que la viande à la faim, le boire à la soif, l'euacuation à la repletion, la refection au vuide, le repos au labeur, le labeur au repos, en fin que les contraires sont remedes à leurs contraires : mais bien à Galien, lequel accommode la contrarieté Hypocratique à ces nuës qualitez : car il rapporte les premieres, & principales idées des cures aux refrigerations, calefactions, humectations, & exsiccations.

Les seules natures des remedes (comme nous auons dit cy-dessus) ou selon Hypocrate δυνάμεις, sont les medicatrices des maladies, desquelles le medecin n'est que ministre, & ceste mesme nature, sçauoir nostre vie ; & baulme, ou mumie baulmée, deffendant nostre vie de toute corruption par la mediatiõ de la liqueur saline, c'est à dire, du baulme inferieur sorti, & mis du superieur aux inferieurs, ceste mesme nostre nature, dis-je (laquelle par fois semble faire des miracles ayant en vain demandé l'aide des Medecins, lesquels à leur deshonneur, & au desaduantage de la medecine, guidez

guidez par leurs prognoſtics,auoyent abãdonné le malade) eſt ſoy-meſme ſon Medecin, lequel ne demande rien du Medecin extrinſeque, ſinon l'inſtauration; ou ſelon le vulgaire, la fortification par le moyen du medicament exterieur biẽ repurgé,& adapté à la partie peccante, non par accident, ains par vne ſemblable nature; & par ce moyen le baulme medecinal dõne ſecours au baulme vital, ou radical, & naturel, à cauſe de leur ſympathie cõmune: & de là il reprend ſes forces ja debilitées, leſquelles recouurées il eſt aſſez puiſſant de ſoymeſme de chaſſer tous ſes ennemis, ne plus ne moins qu'vn vray, & interne antidote, & c'eſt par le moyen des facultez vitales: car vouloir guerir les corps malades, n'eſt autre choſe que l'eſmotion d'vne guerre ciuile, & inteſtine, à la ruïne de la nature deſia bleſſée par vne meſme, ou ſemblable guerre inteſtine, adiouſté que les contraires ne ſe reçoiuent pas mutuellement l'vn l'autre: que s'ils ne ſe reçoiuent pas mutuellement, ils ne peuuent pas agir l'vn à l'autre mutuellement, ny par conſequent patir l'vn de l'autre; donc là où l'action, & paſſion n'eſt pas vraye, là auſſi l'effect naturel ne peut eſtre vray: doncques les medicamens ne peuuent pas eſtre contraires au lieu affecté, ains luy doiuẽt correſpõdre, quant à la nature externe, à raiſon de l'harmonie du macrocoſme, & du microcoſme: toutesfois ceſte nature externe du medicament eſt interne au lieu affecté, & c'eſt à fin que la nature interne de ceſtuy-cy ſoit confortée par l'abondance de la nature de celuy

La nature creée par les ſemblables.

luy

luy-là ; à raison dequoy il est appellé microcosme, par ce que tout le monde conserue, nourrit, & guerit l'homme : car pendant que les fruicts de la terre, de l'air, du feu, & de l'eau, sont malades, il faut qu'ils soyent restaurez par les fruits du macrocosme, auec lesquels ils symbolisent, & par ainsi la nature conforte, & aide sa nature : mais la nature estant confortée, & aidée par la nature, elle a plus de force pour chasser, & bannir son ennemi, veu mesme que naturellement toute nature est conseruatrice de soy-mesme ; & par ainsi nous auons la nature non seulement pour compagne, ains amie, & fidelle adiutrice : car à la verité c'est elle seule qui est l'asseurée medicatrice de toutes les maladies (tesmoin Galien, *in lib. suo* 13. *method.*) & le premier mobile de la curation, sans la force, & vigueur duquel toute medecine est inutile ; la nature conseruée en son temperament est son Medecin, & fait soy-mesme la cure de ses infirmitez par le moyen de sa propre mumie, & lors que ceste nature interne refuse d'estre sa medecine, les maladies sont asseurément mortelles: car l'on sçait trop bien, que naturellemeut toutes choses desirent leur perfection & conseruation, & abhorrent leur destruction, la fuyant autant qu'il se peut, ce que nous font clairement voir tous les iours les playes que nous auons receu en quel endroit de nostre corps que ce soit : car ceux qui sont blessez ressentent incontinent l'aide de la nature, laquelle n'a iamais repos qu'elle n'aye remis les parties offencées en leur pristine santé. Ie té. Ie ne condamne point ceux qui disent, que les contraires sont gueris par leur contraire, pourueu qu'ils ne regardent pas les qualitez, ains seulement les vertus contraires de la nature, la bonté desquelles tend à la conseruation ne plus ne moins que la malice des autres s'occupe à la destruction de la nature ; doncques si les premieres veulent destruire, celles-cy sont données pour le soulagement de la nature trauaillée, à fin que par leur bonté elles puissent conseruer la double bonté de la nature, & chasser & expulser la malice des autres ; & par ainsi les vertus contraires & aduerses de la mauuaise nature, sont expulsées & vaincuës par la bonté de l'autre nature : mais les qualitez contraires ne sont pas ostées par des autres qualitez contraires, veu qu'elles s'irritent l'vne l'autre, & semblent s'esmouuoir au combat, par lequel s'ensuit vne plus grande infirmité, que confirmation de nature, d'autant que la nature n'est pas vne qualité, ains vne vertu ; or puis-qu'elle est vne vertu, elle ne demande pas aide & secours aux qualitez, pour heureusement combattre son ennemy : car ce n'est pas le medecin qui chasse la maladie, ains la nature mesme, laquelle est la mumie ou baulme interne, qui chasse le mal qui luy est contraire si (lors que ses forces internes viennent à luy defaillir) elle reçoit (par le moyen du medecin) les forces externes, & quoy que souuent le medicament soit tres-bon, il est meilleur de commettre la cure entre les mains de la nature, sans se seruir d'aucun medicament ;

car

car la nature du corps interne expulse plus de maladies, que non pas le medecin auec sa medecine : c'est pourquoy il arriue souuent, qu'en l'ardeur de la peste, l'on se sert de l'opium, qui est tres-froid, non pas que cela se face, à cause de la froideur de l'opium ; ains à cause de sa vertu veneneuse, laquelle est plus releuée en faict de venin, que la peste mesme : & par ce moyen la nature se sert d'vn venin pour arrester vn autre venin, & contraint vn petit mal pour vn plus grand; de façon qu'elle se sert d'armes tant bonnes que nuisibles, pour arrester la furie de son ennemy, & le chasser loing de son domicile ; & tout ainsi comme l'hyuer ne chasse pas l'esté, ny l'esté l'hyuer, ains se suiuent pas à pas l'vn l'autre, de mesme aussi vne qualité ne chasse iamais l'autre : car sans la vertu la qualité est morte, & totallement accidentelle ; or cela estant il est impossible qu'elle puisse donner aucune vie, ny substance : ce qui neantmoins doit estre fait par la faueur de quelque medecine, si elle doit donner assistance à la nature. Ie conseille neantmoins qu'en ce lieu l'on obserue, que les racines des maladies ne sont ny chaudes ny froide au corps humain: toutesfois l'on les dit chaudes & froides, de mesme façon que l'on appelle coloré tout ce qui est au monde; & iaçoit que ces accidens & excremens soient à tout le moins signes des maladies, ils ne sont pas nonobstant la maladie mesme : car les maladies, meschans traistres du corps humain, ne sortent pas de la matiere du corps, ou des quatre humeurs, mais des

Lors que le Medecin naturel cesse, le Medecin interne commence l'operation.

des ſemences de la nature, ou des trois principes, ſcauoir des aſtres, & eſprits mechaniques inuiſibles, leſquels font leur habitation externe iuſques dans les coquilles: quant à nos anciens ils n'õt pas eu l'honneur de cognoiſtre les fabricateurs des maladies ou (pour mieux dire) les aſtres inuiſibles. Veu que la medecine n'eſt pas vn corps, ains ſeulement vn eſprit viſible au ſeul mage: c'eſt pourquoy la terre ou corps doiuent eſtre delaiſſez pour retenir la vertu ou aſtre celeſte: car il eſt neceſſaire quant au micocroſme & medecine, que la vie pure agiſſe à la vie: ie dis la vie pure, parce qu'il faut ſeparer les impuretés du corps: que ſi la vie agit à la vie, l'eſprit doit agir à l'eſprit, ne plus ne moins que le ſoleil, lequel (quoy qu'il ne puiſſe eſtre touché) ne laiſſe pourtant de faire fondre la neige. Merueille de la nature: laquelle fait ſes operations ſans corps, & ſans matiere, & neantmoins agit au corps, & en la maladie qui n'eſt point corps; auſſi c'eſt celle cy qui eſt la vraye & viue anatomie: le mechanique & fabricateur des maladies doit eſtre arraché en ſa racine, c'eſt à dire la cauſe de la maladie: car il eſt plus facile de deſtruire l'arbre en deſtruiſant la ſemence, que (ayant permis l'arbre croiſtre) en deſtruiſant les rameaux, d'autant que le tronc demeurera touſiours. Ainſi l'ouurier mechanique du poirier, c'eſt à dire le principe de ſa generation, a ſa premiere habitation en ſa racine, & non au rameau: l'on empeſche le grame ſi lon arrache ſes racines lors qu'il commence à prendre force; par meſme

Paracelse *in sinctura Phisicorum.*

moyen ayant osté le centre, racine, & semence des maladies, lon a paracheué la cure : car on ne sçauroit esteindre le fœu, si lon n'agit qu'à la fumee qui sort du feu; il faut donc necessairement agir au feu mesme, & le medecin qui ne regarde que la complexion de son malade, est semblable à celuy qui tasche d'esteindre la seule flamme, laissant le charbon en sa vigueur. Car il ne faut pas prendre pour la maladie ce qui prouient de la semence, ains la racine de la semence, & c'est là où lon doit battre en ruine pour venir au bout de la cure: lors que Paracelse dit, que les semblables sont conserués par leurs semblables, & les contraires destruicts par leurs contraires, il ne regarde pas aux premieres ni secondes qualités; (estimant quelles sont vaines) ains à la substance, ou δυνάμεις d'Hypocrate, comme il appert au 18. chap. du premier traicté de la seconde partie de la grãde Chyrurgie, & en autres lieux où se treuuent semblables remedes pour les maladies; parce qu'ils sont tirés de la mesme anatomie naturelle à cause des signatures, proprietés, & racines semblables y contenuës. Pour ce qui est des contraires parce qu'ils aboncent en deffauts, & parce que par le moyen de la saturité amie ils preparent les esprits & impuretés semblables, ils machinent les resolutions, consomptions, & tacites ablations, mais lors qu'il dit, que les semblables sont conserués par leurs semblables, il l'entend en ceste façon, sçauoir que le sel, soulphre & mercure du microcosme sont conseruez par le moyẽ du sel, soulphre & mercure

Au premier traicté du liure second de la grande chyrurgie.

Aux maladies on ne considere pas les degrés ny les complexions le libelle *de antiqua medicina.*

Car qu'elle maladie que ce soit doit estre guerie par son propre approprié.

cure du macrocosme cõuenable à l'autre analogiquement : & tout ainsi comme il y a diuers soulphres au microcosme (car celuy de la teste est different de celuy du cœur,&c.) de mesme y a-il aussi diuers mercures, & diuers sels ; or cela estant au fils, il se treuue aussi au macrocosme ; qui est le pere du microcosme: car en icceluy se treuue diuersité de soulphre, sel, & mercure selon la varieté des herbes & mineraux correspondans aux autres du petit monde, la manifestation en est assés facile, & principalement à ceux qui se sçauent seruir des fourneaux de Vulcan, par le moyen desquels on recognoit la concordance, repugnance, & difference; & parce que ledict Paracelse distribue toutes les maladies materielles selon les trois substances desquelles nos corps sont composés, & selon les superfluités excrementices prouenantes du boire & du manger : il appelle maladies soulphrées celles qui prouiennent au corps humain par le moyẽ de l'embrasement du soulphre naturel ; à la verité le soulphre est destruict par quatre voyes, & exalté par la faueur des quatre elements, quant à ces maladies soulphreuses sont pour l'ordinaire fiéures & toutes inflammations : quant à celles qui prouiennent de la liqueur,il les appelle mercuriales.Car le mercure est exalté par son degré naturel en trois façons, sçauoir par la chaleur de la vertu accidentelle digestiue, secondement par la chaleur prouenante de l'exercice,en troisiesme lieu par la chaleur astrale ; desslors que la maladie prouient de la chaleur digestiue, distille & faict vne apoplexie auec ses especes : la chaleur de l'exercice,sublime & amene auec soy la manie, ou phrenesie. Celle des astres precipite, & par le moyen du boire & manger abondant en tartre,traisne la podagre,chyragre, & arthetique: les maladies excitées du costé du sel sont par luy appellées salines & nitreuses : car le sel offence la santé par son exaltation en quatre façons , & produit des maladies tres-dangereuses par resolutiõ & calcination,prouenãt de l'amission du temperament liquide & humide, & par reuerberation , & alcalisation , comme sont vlceres,galles,dertres, demangeaisons , & semblables ; lesquelles maladies ne prouiennent d'autre part , que de la resolution du sel du microcosme : les causes de destruction dudict sel ne sont autres que l'yurongnerie , destruisant & empeschant la digestion:Pour celles de la resolution on les asseure estre vne luxure immoderée : quoy que les astres desmettent le sel humain de son degré.Quãt à ce sel ,il peut estre transmué en quelle espece de sel que ce soit, & telle qu'est la transmutation, telle est aussi la maladie. Or donc il dit, qu'il faut guerir la maladie prouenante du soulphre allumé au corps microcosmique,correspõdant analogiquement à l'autre, duquel il ne dit pas mal , & ne parle pas contre Hypocrate,disant *contraria contrariorum &c.* Car regardant la fin nous verrons librement & clairement , que ce remede est contraire à la maladie.Donc presuposons que ce soit la fieure espandue par tout le corps; il demande vn soulphre approprié, (& non pas vne liqueur mercurialle ou sel) tel que l'on treuue au iardin de la nature ou famille des herbes & mineraux ; comme sont soulphre du vitriol, du nitre, du sel vulgaire & semblables. Pareillement il enseigne, que les vlceres excités par sels, doiuent estre gueris par les sels, que si l'on prend garde au but, on verra, que tels sels sont contraires à celuy qui aura causé la maladie. Car ils sont incarnatifs ; d'où apparoist, que souuent il appelle sel tout ce qui se liquefie & rend vne humidité aqueuse, se seichant & rendant dure par le benefice de la chaleur, ne plus ne moins que le suc espoissi des herbes & des arbres ; donques comme toute la medecine est tiree de trois chefs ; sçauoir du mercure, du soulphre, & du sel ; de mesme ya-il trois causes principales causans toutes sortes de maladies : & ces maladies sont diuisées en trois genres ; sçauoir en mercurialles, soulphreuses, & salines ; & tout ce qui vlcere doit estre guery par le mercure incarnatif, tout ce qui demeure risqueux, par le sel tont ce qui demeure en fonds, par le soulphre : à quoy me semble que ces raisons doiuent donner authorité & creance : toutesfois il faut necessairement (si lon veut que les remedes soient contraires à la maladie) qu'ils soyent amis à la nature. D'autant qu'elle demande la paix, libre de toute sorte de controuerses ; ce qui ne luy peut arriuer que par le moyen & assistance de ses amis. Que si par fortune la nature vient à succomber c'est en vain que lon accourt au medecin. Comme au contraire la nature estant en son entier elle faict

Tout ce qui est terrestre aux corps est sel, selon Paracelse, la consolida guerit la corrosion du sel, le saffran restaure la dissolution du soulphre, l'or engrossit la trop grande sublimation du mercure.

Nostre nature remedie aux maladies ayant osté les empeschemés nous sommes assistés par la mesme nature contre ces empeschemés qui causent la maladie.

Histoire vraye & digne d'admiration.

des miracles presque incroyables ; ce que i'ay veu à Prague en May 1602. au costé appellé ville-neufue, en la personne d'vn paysan Bohemien apellé Mathieu aagé de trente six ans ou enuiron, lequel par vne admirable dexterité de gousier, y cachoit vn couteau assés grand, si bien que son gousier luy seruoit de gaine, outre ce il beuuoit encor ayant tousiours le couteau caché là dedans, neantmoins par vn singulier artifice, il sortoit son couteau quand il luy plaisoit. Toutesfois ie ne sçay, par quel mal-heur aux dernieres festes de Pasques de la mesme année, il l'aualla si bien qu'il le fit descendre dans son estomach si auant, que son artifice fut tout à faict vain pour l'en pouuoir retirer : or voila nostre pauure Bohemien aux affres de la mort, si bien qu'il ne sçait plus où courir, ny à quel sainct adresser ses vœux ; il garde ce couteau dans son ventriculle l'espace de sept semaines & deux iours: durant quel temps par le moyen des emplastres attractifs, cõposés auec l'aymãt & autres de semblable vertu, ledict couteau dressa sa pointe contre l'orifice de l'estomach, où il cõmença à chercher sa sortie: ce qu'aperceu par le patient (outre le consentement de plusieurs personnes à cause du danger) il prie & supplie instamment, que l'on luy face ouuerture pour retirer ledict couteau, sa continuelle importunité, faict mettre en campagne Florian Matthis de Brandeburg, premier chirurgien de son temps, le ieudy premier apres la Pentecoste, à sept heures du matin, lequel entreprit l'operation, si bien à propos qu'auec l'ayde l'ayde de Dieu il en vint à bout, ledict couteau fut mis entre les plus rares pieces du cabinet imperial, sa longueur est de neuf pouces, on le fit voir par toute la ville, comme par miracle : toutesfois la couleur du fer est tellement changée, qu'il semble auoir demeuré dans le feu, plustost qu'au ventre du Bohëme, lequel apres quelques sepmaines commença à se bien porter, sans estre aucunement inquieté de son repos, & luy mesme m'a protesté, qu'il mangeoit & beuuoit auec vn grand appetit, la cure ne luy cousta rien enuers le Chirurgien, toutesfois recognoissant la faueur qu'il auoit receu du Ciel, s'en voulu reuencher enuers les pauures, ausquels il fit d'aumosnes selon son pouuoir, & peu de temps apres il se maria. En l'année 1606. se treuua vn Silesien à la ville de Prague, lequel pour gaigner quelque argent, en presence de beaucoup de monde, aualla quarante-six cailloux blancs, de ceux qui sont au bord des riuieres ; le moindre desquels estoit aussi gros qu'vn œuf de pigeon, si bien qu'entre tous pesoient pres de trois liures medecinalles, ie les ay veus & auois peine de les prendre en quatre manipules ; neantmoins il roula vne couple dannées parmy la ville, sans sentir aucune incommodité de sa santé pour cest effect

V.
L'office du medecin ministre de la nature.

TOut ainsi comme le terme vulgaire de la Philosophie, ne despend pas du seul iugement d'Aristote, (cõme a fort solidement mõtré P. Ramus) de mesme aussi (selon le tesmoignage de Paracelse la lumiere de la nature n'a pas toute esté espuisée de Galien : car nous ne sommes plus au temps des Grecs, auquel les hommes tiroyent la lumiere naturelle les vns des autres, veu que nous auõs le pouuoir de discerner & iuger selon la portee de nostre entendement ; c'est pourquoy celuy qui desire exceller en l'art de medecine, ne doit iamais suiure opiniastrement l'opinion d'vne secte (car à la verité personne ne peut se dire docte suiuant l'opinion d'vn seul maistre) ains la seule verité ayant tousiours deuant les yeux ces vers d'Horace,

Sans effroy courageux ennemy de Borée
Ie me porte par tout,
Et iamais dessous vn ie n'ay ma foy iurée
Qui tienne le haut bout.

Ie ne dis pas pourtant qu'il faille reietter les inuentions de quelques vns, pour suiure vne secte qui fera contre, ains ie dis que sans actió il faut regarder amiablement toutes les sectes, d'autant que (selon le phœnix des philosophes *Picus Mirandulanus* ; exemple inimitable de toute

toute erudition) en chasque famille y a quelque chose de remarquable, laquelle n'est pas cōmune auec les autres : le mesme en prend-il aux liures : car il n'y en a aucun tant peruers soit-il, lequel ne contienne en soy quelque chose de bon, quoy que mesprisé par des bons autheurs. Fabius dict que le dernier aage s'est plus estudié à la recherche des sciences que le posterieur, & pendant que les sciences croissēt auec les esprits, il s'en treuue, lesquels malicieusement se precipitent en des miserables erreurs, lesquels sont par apres effacés par la seconde generation. Non, non il n'est plus temps que les thresors de la sage nature demeurent enseuelis (la loy estant destinée à tous les aages & nations pour la consomption du siecle) il faut que les plus speculatifs employent tous leurs efforts, pour venir à bout de tout ce qui se presente à nos sens, ce neantmoins il est fort difficille à cause de la briefueté de la vie des hommes, de pouuoir faire le tour du cercle de la nature, & comprendre entierement tous ses secrets : or l'affaire reduict en ce poinct-là, il ne faut pas reietter totallement la medecine des anciens, ny celle de Theophraste ; que s'il ne la faut reietter, il n'est pas aussi besoin de l'embrasser totalement, & en façon, que si quelqu'vn en a treuué quelque meilleure il ne le faille escouter, & suiure: car le iour enseigne le iour, & le secōd est maistre du premier. I'accorde bien qu'il les faut mettre tous deux en parallelle, afin de retenir ce qui sera treuué de meilleur en l'vn des deux. Les hōmes entant qu'hō-

Toutes choses secrettes, par vne diuine ordination doiuent estre manifestées.

L'experience iournaliere laquelle n'a encor atteint sa fin descouure beaucoup des erreurs des anciens.

mes sont subiects aux passions humaines, si bien qu'ils errent en vne part & en l'autre; ils escriuent des contrarietez & repugnances, & souuent se contredisent, si bien que tous ne voyēt pas tout. Le sainct Esprit seul a la pleniere & entiere science de toutes choses, & la distribue auec mesure, soufflāt, & spirāt là où il luy plaist, mais non tout : car il se reserue tousiours quelque chose afin de nous tenir ordinairement pour ses disciples.

Mais supposons, que le vray medecin soit le ministre & non le maistre de la nature, & selon le dire de Galien, & d'Hypocrate, tres expert Philosophe en l'art de medecine; parce qu'entre deux genres de Philosophes, les vns foüillent la nature des choses sublunaires, les autres plus releués & profondés en Philosophie, vont iusques au centre de la nature, & en puisent les plus admirables secrets, ceux cy en la façon des anciens sacrificateurs, entrēt dans le sanctuaire de la nature, possedans la vraye cognoissance & experience de la lumiere naturelle, d'où sortent les vrais medecins : car la force naturelle produicte auec les corps terrestres, conioincte par la Chymie aux constellations du firmament, moyennant la dexterité du medecin causee par influences celestes, ces choses en fin assemblees font vn legitime medecin. Toutesfois selon l'opinion de Paracelse, il faut que le medecin soit premierement interprete legitime de la nature, l'œconomie de laquelle est deliurée entre ses seules mains, recognoissant en l'homme, (comme en toutes les autres creatures) son

Paré en sa grande chyrurgie.

ſon vniuerſelle laſſitude. La Philoſophie enſeigne les vertus & proprietez de la terre & de l'eau, & l'aſtronomie du firmament & de l'air ; la Philoſophie & aſtronomie enſemble font vn parfaict Philoſophe, non ſeulement au macrocoſme ains encore au microcoſme : il faut doncques que le medecin aye la cognoiſſance de la Philoſophie & aſtronomie : car la Chyromancie, Pyromancie, & Geomancie ſont Elements de l'aſtronomie & Philoſophie, & ſelon le iugement de Platon & de Theophraſte ceux là doiuent eſtre iugez vrais Philoſophes, leſquels contemplent & admirent ceſt admirable ouurage de la nature, c'eſt à dire ceſte grande & vaſte machine, auec les qualitez, affections, mouuements, cours, & recours du Ciel & de ſes corps ardans joinct leur oriẽt, occident, anteceſſions, conſecutions, progrez, degrez, retardemens, & viteſſes, s'eſtudiãs, outre ce à la recherche des ſemences, principes, dimenſions, & inſtincts des corps ſublunaires par les grandes obſeruations qu'ils ont acquis auec leur diligence, laquelle (accompagnée d'vne perpetuelle meditation & cognoiſſance) leur faict endurer la ſoif, & dreſſer des vœux, afin que non ſeulement ils puiſſent entendre les ſecrets myſteres de la nature, ains encore les imiter, & qui plus eſt les faire meſme : & où le Philoſophe laiſſe la lumiere naturelle du macrocoſme, là le medecin commence la concordance analogique de la lumiere naturelle du macrocoſme.

Le vray Philoſophe a ſon origine de la cognoiſſance du ciel & de la terre, & cognoit la proprieté d'iceux.

L'admiration eſt le cõmencement de la Philoſophie. Par ceſte admiration qui eſt vne frequente cogitation la façon, cauſe, & raiſon de chaque choſe ſõt trouués.

Le Philoſophe ſoit du medecin & le medecin du Philoſophe. & l'vn & l'autre ſont reciproquement racines & entre eux ne ſont qu'vn.

Le ſpagyrique eſt le cuiſinier de tous.

La Philoſophie eſt la mere des medecins & celle qui donne la cognoiſſance des maladies & des remedes.

Secondement ſuppoſons vn ſpagyrique, lequel

quel aye la ſcience de ſeparer les impuretés des eſprits les plus purs, & reſtituer la ſanté des malades par le moyen de ſes preparations chymiques. Ie dis que ne plus ne moins que l'or eſt eſpreuué par ſept coupelles, de meſme auſſi le vray medecin doit eſtre eſpreuué par les ſeparations qu'il faict du bon auec le mauuais, par la faueur de Vulcan ; outre ce il doit auoir l'experience pour la confirmation de ſa ſcience : car la Philoſophie eſt la medecine practique laquelle met la medecine entre les mains des medecins, en fin c'eſt au vray medecin ſorti de la lumiere naturelle, auquel la nature communique ſon experience ; (qu'il me ſoit pardonné ſi ie dis la verité) ie tiens qu'il n'y a aucun des mortels qui aye mieux ſçeu que c'eſt de la Philoſophie & medecine, ny qui l'aye mieux miſe en lumiere que Paracelſe, digne d'eternelle memoire, la ſcience duquel perſonne n'a encor peu ſurmonter, voire meſme atteindre, c'eſt pourquoy il merite d'eſtre qualifié vray monarque des medecins & premier des Philoſophes naturels, ſe pouuant ſeul venter d'auoir mieux eſcrit de l'homme aſtral, & de ſes offices creés par la main diuine, que perſonne deſpuis le temps de Noël : outre ce il a touché le vray but des maladies incurables & de leur origine. Ie paſſe outre, aſſeuré que dés noſtre premier aage ne s'eſt treuüé aucun medecin, lequel ſe ſoit peu ſeulement imaginer ſes perfections, que ſi ceux de noſtre aage regenerés de l'eau ſpirituelle, n'y ont peu atteindre, à plus forte raiſon ces Philoſophes ethni-

ques

ques (de la Philoſophie deſquels toutes les erreurs des gentils ont prins leur origine)y ſeront paruenus, ces Philoſophes,diſ-ie,leſquels ont paſſé ſous ſilence deux corps des creatures, ſçauoir le corps corporel mortel, elementaire Phyſique & viſible des elements, l'aſtral ſydederique & inuiſible du firmament & des eſtoilles; L'ame intellectuelle de l'homme, lumiere diuine prouenant de l'eſprit de Dieu, & des fontaines du ciel, apartenant tant ſeulement à la Philoſophie inuiſible, laquelle ne recognoiſt autre fondement que Ieſus-Chriſt: c'eſt donc Chreſtiennement que nous deuons philoſopher,& nō pas à la façon des ethniques, preferans les choſes caduques & mortelles aux eternelles,& immortelles:toutesfois il ne nous faut pas tant ſeulement arreſter à la totalle cognoiſſance interne & externe de la nature,mais il faut prendre peine,que ſelon la fondamentalle cognoiſſance d'icelle,fauoriſés de la lumiere de grace,nous ayons la poſſeſſion de la vie eternelle auec Ieſus-Chriſt, lequel nous a creés à ceſte fin,vie eternelle laquelle ſeule eſt la vraye Philoſophie Theologique:c'eſt pourquoy il eſt neceſſaire de chercher pluſtoſt le moyen de renaiſtre : car par iceluy aſſiſtez de noſtre labeur, nous paruiendrons librement aux choſes naturelles. Mais retournons à noſtre Theophraſte, lequel a eſté grandement expert à la chymie quoy qu'il n'en aye pas eſté l'autheur, car il ſe treuue vn grand nombre de liures traictans de ceſt vſage auant le temps de Theophraſte deſquels luy meſme a beaucoup apprins. Ceſt art

Toutes ſciences ſont parfaictemēt aprinſes, du fondement de la foy par vne nouuelle regeneration, ou celeſte tranſplantation.

L'homme ne peut auoir vne plus grāde philoſophie que de Dieu par la nouuelle generation.

Ceſte Philoſophie n'eſt pas nouuelle ains a eſté de tout temps.

art de distillation a esté grandement precieux (quoy que diffamé par les ignorans) toutesfois il a esté tousiours cogneu ou des Rois, ou des Princes, ou de quelques grands Philosophes, lesquels se sont estudiés à la recherche d'iceluy, comme Paracelse, lequel semble y auoir donné le dernier traict de pinceau: & parce qu'il voyoit, que de son temps personne ne prenoit peine de tirer hors des tenebres la vraye medecine, il tascha (poussé par vne diuine inspiration) de remettre en son entier ceste scence des anciens ja enseuelie dans l'oubly par vne fatalle malice & negligence des hommes. Quoy? il ne s'est pas contenté de la remettre au iour, car il l'a voulu amplifier & retirer du masque des impostures de ceux qui ne taschent qu'à deceuoir la simple croyance des effeminés: voicy le diable ennemy perpetuel du genre humain & de la verité, qui suscite ses satellites, lesquels poussés par vne enuie Caïne, taschent d'oster de la bouche des autres la viande qu'ils ne sçauroiét eux-mesmes digerer, & semblables à des harpies abayent apres ce bien duquel ils ne ioüyront iamais: mais quoy c'est le mal-heur de nostre siecle, car les hommes se sont malicieusement plongés ie ne sçay si ie doy dire en telle impieté ou blaspheme, qu'ils estiment que les dons particuliers pour les maladies desesperees, que Theophraste a reçeu du Ciel (seul autheur de la medecine, duquel toute sorte de dons, & biens sortent comme de leur vraye source & origine, meritant vne humble action de graces, accompagnée

Le medecin creé de Dieu peut tout. Iacob chap. 1. sect. 17.

Toute puissance prouiét de Dieu sans lequel toutes les creatures sont impuissantes.

Et par ainsi il faut croire que toutes les merueilles, mysteres, & secrets prouiennent de de Dieu & non du diable, ni des creatures moins encor des astres.

pagnée d'vne profonde reuerence) ne sont qu'enchantemens & sorceleries, semblables à ces antiques Pharisiens, lesquels voyans les merueilles de Iesus-Christ, sans crainte ny demy, disoient tout haut, qu'il faisoit cela au nom de Lucifer, lequel neantmoins il tenoit lié par la corde de la volonté de son Pere eternel : miserables, s'ils estoient tels qu'il faut, ils verroient clairement, que ces effects ne prouiennent que du pouuoir de Dieu, vray autheur de la nature, & que les hommes, ny les diables n'ont aucun pouuoir s'il ne leur est permis & octroyé de la volonté diuine, & par ainsi les demons sont adorés en place de Dieu, blasphemant contre la gloire, bonté, & toute-puissance du Pere celeste ; ce n'est encor tout, car ceste maudite race s'efforce encor par vne malicieuse ignorance d'obscurcir la sapience, & image du tout puissant cachée en l'homme. A la verité nos medecins Allemands ne deuoiét iamais faire ce tort à leur patrie, de mespriser les secrets que la mere nature a concedé à nostre Theophraste : ils ne veulent louër que ce qui est à eux, ou plustost ce que secrettement ils ont puisé d'autruy, au dommage des inuentions des autres, comme il arriua à P. Ramus par l'enuie des mesdisans ; car ne plus ne moins que les Aristoteliciens s'esleuerent contre Ramus, de mesme aussi les medecins se sont reuoltés contre Theophraste Paracelse, la science duquel les nations estrangeres admirent pleines d'estonnement : & non contens de sa science medecinalle, emprumptans des autres,

sans

Car il a escrit en telle façon qu'il nous à osté toute esperance de le pouuoir imiter. Voy le liure de Paracelse du fondement de la sapience, outre celuy la voy celuy qu'il intitule *Sursum Corda*. celuy qui prẽdra goust à ses escrits les examinant iusques dans la mouëlle le verra fort biẽ: la Theologie & la medicine separées doiuent estre cõjoinctes. Le corps est le domicille de l'ame. Dieu & la lumiere rẽdent l'homme parfaict & la lumiere de la nature estãt bien cogneue l'on cognoist Dieu la lumiere de grace.

sans auoir leu, ny mesme veu ses escrits Theologiques (estans trop foibles d'esprit pour les comprendre: car il n'y a que le seul intellect inspiré par la diuine sapience qui en puisse iuger la verité) ne se peuuent neantmoins tenir d'y cercher des anicroches. Escrits dans lesquels il s'est efforcé d'asseoir le fondement de la verité & pieté Philosophique & Theologique, puisée au liure de grace & de nature, sçauoir que nostre entendement s'esleue à nostre Dieu, & nos yeux à la recherche de la verité, affin de nous pouuoir guinder à l'eternelle beatitude par le moyen de la saincte regeneration: car sans la Philosophie, il est impossible d'estre bon & pieux, voire il ne se peut faire que celuy puisse droictement & Chrestiennement philosopher qui n'est enrichy du doüaire de la pieté. D'autant qu'il faut remarquer qu'il y a deux lumieres entre lesquelles sont toutes choses, & hors desquelles il n'y a rien, non pas mesme iusques à la moindre cognoissance des choses, laquelle puisse estre dicte parfaicte. La lumiere de grace faict vn vray Theologien, toutesfois non pas sans la Philosophie, quant à la lumiere naturelle qui est comme le vray rayon de la lumiere de Dieu confirmé par la Saincte Escriture, elle perfectionne le vray Philosophe, mais non pas sans la Theologie, laquelle est l'vnique fondement de la vraye sapience. Les œuures de Dieu sont miparties en deux, la premiere desquelles est comprinse en la Philosophie & c'est ce que nous appellons œuure naturelle. Mais la voye ou œuure de Christ, par

ce

ce qu'elle eſt plus ſublime & fondee ſur la Theologie ; c'eſt doncques en ces deux voyes que nous deuons employer noſtre temps, affin que nous finiſſions nos iours en paix & ioye ; de là appert, comme tout vray Theologien eſt Philoſophe, tout vray Philoſophe Theologien. Apres noſtre Paracelſe Paulus Braun de Noremberg, Valentinus Vveigelius, & Petrus Vvinzius hommes tres-doctes & dignes d'eternelle memoire, ont taſché de ſuiure le meſme chemin, inſtruicts & illuminez, non pas par la ſenſuelle des eſcholiers, commençans, ny par la rationelle des profeſſeurs ja aſſeurez en leur doctrine, ains la troiſieſme des parfaicts, mentalle & intellectuelle, c'eſt à dire en l'eſchole du ſainct Eſprit, dans laquelle les Prophetes & Apoſtres, auec le reſte des hommes vrayement doctes, ont eſté inſtruicts ſans peine & trauail: ceux là, diſ-je, ayans laiſſé des marques aſſeurees de leur eſprit, en leur eſcrits dignes d'eſtre grauez dans l'airain, afin que nos derniers nepueux puiſſent iouyr d'vn ſi rare bien, pourueu que l'ingratitude & indignité du monde ne les face abolir ; ces grands perſonnages ont tous butté là, que (ſuiuant la volonté diuine) l'eſprit des lecteurs aſſiſté de la grace celeſte, garrotté neantmoins encor au ioug de l'enfer de cette miſerable vie, apres vne ſerieuſe cognoiſſance & deploration de noſtre cheute, par la frequente contemplation des choſes diuines, & par l'abnegation de ſoymeſme pour l'amour de Ieſus-Chriſt, ayant

En meditant, ou contẽplant nous voyõs, en voyant nous cognoiſſons, en cognoiſsãt nous adherõs, en adherant nous poſſedõs en poſſedant nous iouyſsẽs de la verité, laquelle eſt la viande de noſtre ame. Lis S. Denys & Picus Miranduland, au cãt. des cãt. chap. 1. ſect. 8.

Pendant que nous eſpluchons auidemẽt les autres, nous cõmençons de nous ignorer.

Apres que tu auras parcouru toutes choſes, & te ſeras negligé toymeſme, qu'auras tu profité. Epiſt. 1. Io. 2. ſect. 20. 27. pſ. 98. Abacuc 2. ſect. 19. pſ 58. 84. 85. ad Philip. 3. Zach. 2. ſect. 12. 1. des Cor. 2 ſect. 9.

Les ſens eſtans aſſoupis, l'entendement eſt tranquille.

Il faut attendre Dieu qui donne sa benediction où il treuue les vases vuides.

jetté & mis derriere soy la vanité des ombres) peut descouurir ce grand thresor, qui est enseuely en soy-mesme:de peur que se negligeans, & toutes choses auec le reste des miserables mortels(ne prenant pas mesme garde,que Dieu est dans eux-mesmes) ils cherchassent ailleurs ce qu'ils treuuent enclos dans leur interieur, mandiant parmy les liures, & chez les mortels precepteurs, auec vne peine & trauail indicible,le thresor qu'ils treuueroient chez eux, si auec le royal Psalmiste psal. 40. ils vouloient mourir en eux-mesmes, ayant supprimé l'appetit brutal de l'homme,lequel n'est autre chose que terre,& parmy leur loisir, ils vouloient attendre leur Seigneur dans son sainct temple, qui est l'abysme de nostre cœur, ou le lieu plus secret de nostre ame au pseaume 5. parlant neantmoins en nous par son sainct Esprit, lequel ne desdaigne point de faire toutes choses en nous, iusques à illuminer nostre entendement, d'où depend le salut de tous les hommes, seul obiect & fin de philosophie cabalystique: mais mal-heur! ils ayment mieux estre miserables, & sans contentement en eux-mesmes,que sages & heureux en Dieu, auec Dieu, & chez Dieu, par la renaissance; le cœur de l'homme est le vray Eden, & iardin de volupté du Tout-puissant, parce que Dieu a creé le monde, & l'homme, afin qu'ils fussent son domicile,& qu'il habitast en eux comme en sa propre maison, ou temple, quoy que maintenant il ne puisse estre regardé, à cause de l'ob-

Il faut treuuer Dieu dans le tẽple du cœur.

scurité

ſcurité du poinct quaternaire: mais apres la conſommation de ce ſiecle, qui doit eſtre renouuellé, du ternaire de l'homme ſelon l'ame, l'eſprit & le corps; alors la regeneration (nouuelle Hieruſalem, habitee de cette eſſence incomprehenſible, ſçauoir de la tres-ſaincte Trinité) n'aura pas moins de ſplendeur, que la rayonnante couleur du feu, brillant à trauers vn rubis ou eſcarboucle. O trois & quatre fois heureux celuy, auquel Dieu eſt comme en vn ange corporel, ou de l'ame, duquel le Tout-puiſſant en faict vn temple, à cauſe de ſa candeur, ou bien là où la ſenextre de l'homme ne ſçait pas la puiſſance de la dextre diuine! En cet vnique but, ſçauoir Dieu, tous les hommes doiuent viſer, apres auoir rejetté tous les empeſchemens, qui ſe preſentent au chemin (veu qu'en ce monde n'y a que vanité, voire que c'eſt la vanité des vanitez, hors l'amour & obeyſſance de Dieu) & en cette façon, par vne humble ſubiection s'vnir auec le vray Eſtre des Eſtres, de peur que par noſtre deſobeyſſance, arrogance, & propre volonté, (ayant negligé l'image de la nature & proprieté, voire Dieu meſme, comme proprietaires de nos propres paſſions, & des creatures) nous ne retournions à noſtre rien: car ſi l'ame retourne en ſoy-meſme, & s'eſleue en ſon eſprit, elle s'approche de Dieu & voit tout, & (à l'imitation des Anges, n'a aucune diſcipline externe, parce qu'elle apprend, void & entend toutes choſes, ſans ſortir de ſoy en façon quelconque:

Apoc. 21. ſect. 23.

La creature eſt obligee de droict à l'obeyſſance de ſon createur, affin qu'elle demeure vne en volõté auec Dieu. Gen. 6. ſect. 3.

La cheute de l'hõme & noſtre mal n'eſt autre que le deffaut de l'vnité à l'alteration.

Seneque, autãt de fois que i'ay eſté parmy les hõmes, ie m'en ſuis retourné plus petit homme chez moy.

O que ceux là ſe rendent difficilemẽt fols, leſquels ont eſté vne fois plongez dans la ſageſſe humaine.

conque:que ſi par vn contraire ſort elle ſe retourne & rend ſubiecte de ſes ſens, elle s'eſloigne alors de Dieu, & laiſſe Dieu, ne plus ne moins que le pur laiſſe l'impur par le moyen de l'art de ſeparation: toutesfois c'eſt vn myſtere trop releué pour les Academiciens; car il n'y a que la deuote & religieuſe humilité, la plus noble de toutes les vertus, laquelle ſoit capable de la lumiere; mais comme cette verité ne ſe peut comprendre, ſi ce n'eſt que noſtre entendement ſoit embrasé par la parolle de Dieu, & que noſtre raiſon prenne la celeſte lumiere par l'entendement: toutesfois qu'il ſoit aſſez d'auoir traicté de ces myſteres en ce lieu: car quittant ce deſtour auquel la raiſon m'a-uoit conduict, ie m'en veus retourner à mon medecin Paracelſe.

Ie m'eſtonne grandement de l'ingratitude de nos medecins, leſquels deuoient pluſtoſt embraſſer & baiſer ces dons ſi excellents receus du Ciel par Theophraſte; voire l'auoir luy en honneur & reuerence, que (à cauſe de ſes mœurs) l'auoir meſprisé, & eu en telle haine comme ils ont fait: toutesfois ſon ſiecle aura pour excusé la barbarie des eſcriuains, leſquels à cauſe de la nouueauté des noms qu'ils inuentent tous les iours, ont obſcurcy la lumiere meſme, & voulans ſe ſeruir de l'induſtrie d'autruy, taſchent touſiours d'eſquiuer la verité des ſainctes ſciences; voicy ce qu'en dit Platon:

» *Afin que les arts ſoient cachez*
» *Par l'obſcurité des Ethniques,*

» *Les*

" *Les gouuernemens sont laschez*
" *Des plus petits aux plus sublimes.*

Qu'vn chascun , ie vous prie, entre en soy mesme , & confesse la verité , s'il eust eu la sciẽce de Theophraste,ne l'eust il pas communiquée à tout le monde: toutesfois il feroit cõtre le serment d'Hypocrate,lequel n'a pas voulu enseigner la medecine à tous,voire il est besoin de tenir les secrets couuerts du manteau des tenebres : car il n'est permis qu'à Dieu seul de les manifester , dautant qu'estant descouuerts,ils aportent pour l'ordinaire vne grande crainte , ou traisnent la mort quant à eux , ou nous confinent dans les tenebres effroyables d'vne solitaire prison , ou en fin nous contraignent à vn exil volontaire , si nous ne voilons la verité d'vn masque autant plein de fraude que de menterie , comme (outre nos recents) tesmoignent fort bien R. Lulle , Arnoldus , Zacharie Parisien , & plusieurs autres. Les vrais Philosophes Hermetiques prestent le serment d'imiter les vestiges de leurs peres & precepteurs , & de iamais ne prophaner temerairement la virginité de la nature gardee dés le commencement du monde: toutesfois entre ces serments,quoy que les disciples fussent obligez à leur foy,ils n'ont pourtant laissé de donner quelques preceptes, mais non pas si clairs qu'ils nayent besoin d'vn grandissime trauail pour estre rendus clairs & faciles:ceux qui n'ont pas plus d'esprit qu'il ne leur en faut(voyant quelques inuectiues que Para- Personne ne peut posseder vn art sans peine.

celſe dreſſe contre l'experience des medecins methodiques,& contre la ſcience des Empyriques (croyent qu'il eſt contre toutes les ſectes de medecine,& inferent par là,qu'il ſe veut dire l'vnique medecin du monde,c'eſt bien la verité qu'il condamne le vulgaire des medecins qui n'ont pas dauantage de ſcience , que de pratique. Et de faict il n'eſt pas raiſonnable de les qualifier d'vn ſi noble nom,deſpuis qu'ils ne ſçauroient mettre en vſage aucune choſe apartenāt à la medecine,eſtant contents de ſylogiſer de la medecine , ſigne vrayement d'vne ſotte ambition,par laquelle ils ſe veulent attribuer la medecine methodique , mais prenons nous garde de telles gens:car ils ſont plus propres à cacher la verité de la medecine,que de la manifeſter ; quoy que pluſieurs portés par vne ſuperbe,digne de tels ignorants , qu'ils aiment mieux laiſſer perir & mourir leurs malades,que de ſe ſeruir d'aucun des remedes de Theophraſte,il s'en treuue d'autres qui ont plus de iugement & de conſciencè que ceux là : car s'ils meſpriſent les ſecrets de Paracelſe deuant le mōde, ce n'eſt pas à dire,qu'ils ne s'en ſeruent; ains ſeulement affin que par les admirables effects d'iceux, ils puiſſent conſeruer voire accroiſtre dauantage leur renom ; c'eſt pourquoy tant plus ils recognoiſſent de bonté en ces ſecrets ; tant plus ils les meſpriſent deuant les hommes : toutesfois ces critiques cauſeurs de Theophraſte,methodiques trompeurs,quoy qu'ils vueillent contrefaire les chymiques,ayāt

(comme

(comme lon dict) tourné le dos à la medecine methodique, ne doiuent iamais estre mis en parallelle auec Paracelse, qui ne suit rien, qui ne soit conforme à la raison, & à l'experience; comme tesmoignent fort bien ceux qui sont esclairés de la lumiere intellectuelle: & de faict nous ne deuons iamais estre si opiniastres à l'authorité d'vn seul, que nous luy postposions la verité, sans laquelle toutes les authorités sont pernicieuses, & de nul prix, selon le iugement des sages, lesquels asseurent qu'il ne faut pas tant regarder par lauthorité desquels ils parlent, comme si ce qu'ils disent est conforme à la verité, outre que raportant les opinions des autres, il se faut prendre garde de mettre quelque chose de son inuention.

La vraye methode consiste en la cognoissance & cure de la maladie, sçauoir quel regime de vie, & quel medicamét sont propres à chasser la maladie & redonner la santé: c'est pourquoy Vvimpenæus montre fort doctement, cóme les Paracelsistes guerissent les grandes maladies en trois façons.

La premiere est que maintenant les maladies sont mieux cognuës, car anciennement on les raportoit toutes aux quatre humeurs c'est pourquoy on ne les pouuoit guerir, la raison est à cause du tartre adherant à quelqu'vn des membres, lequel ne peut estre referé à aucune des quatre humeurs: mais despuis que nous sommes en discours du tartre, il me semble bon d'en discourir amplement.

Chasque mẽbre a sa digestion, sa separation & son excrement emonctoire en soy mesme.

La premiere essence ou Ens à la vie, se faict de la derniere matiere de la viande, par le moyẽ de l'archee, sçauoir la digestiõ de l'estomach, la generation de la separation, ou la separation mesme, d'où le corps prend sa nourriture & substance ordinaire: or ceste matiere est reduicte en soulphre, mercure & sel, comme fort bien apert aux trois principaux emõctoires; car le superflu du sel est separé par l'vrine, du soulphre, par les separations des intestins, le mercure ou liqueur, tient le lieu & place de la nourriture, & si par fortune il se treuue quelque chose de superflu en iceluy, il est expulsé par les pores.

La premiere digestion de l'estomach n'est pas digestion, ains seulement vne preparation pour les digestiõs de chasque membre.

Tout ce que nous mangeons & beuuons a en soy vne morue areneuse, & vn tartre sablonneux, fort contraire à la santé humaine, dequoy la nature ne prend que ce qui est pur, parce que lestomach (instrument de l'archee de l'homme, ou interne chymique né auec l'homme, & planté par la main de Dieu) recognoissant ce qui luy est propre, si tost qu'il a receu dans soy l'aliment, auant la digestion separe la pure nourriture, des impuretés tartreuses: que si l'estomach se treuue bõ & valide, le pur se glisse par les membres affin de les nourrir, & laisse l'impur, lequel s'en va par separation: mais si l'estomach par vn contraire effect se treuue debile, il ne peut empescher que l'impur ne soit poussé au foye par les veines meseraïques, où la seconde digestion & separation sont faictes: c'est donc par ces deux, que le foye separe à son

tour

tour le pur de l'impur, c'est à dire le rubis du christal, pour le rubis faut entendre la nourriture de tous les membres; du cœur, du cerueau, &c. pour le christal, qui n'est pas nourriture, est chassé dans les reins, & c'est l'vrine, laquelle n'est autre chose, que le sel exprimé des mercurialles, par la violence de la separation en sa resolution: car tout ce qui est resout en eau par le foye, il est expulsé: si le foye par sa debilité ne separe pas bien, il renuoye ceste matiere morueuse & areneuse aux reins; là où, par defaut de bonne separation & de puissance de predestination, moyennant l'esprit du sel, se coagule & rend en sable, tartre, ou pierre semblable au mortier: donques le tartre est l'excrement de la viande & du vin que nous beuuōs, lequel se coagule dans l'homme par le moyen de l'esprit du sel, si ce n'est que par la propre force naturelle il soit meslé auec les excrements & iette hors auec iceux; d'où arriue qu'il y a quatre especes de tartre, le calcul ou pierre dans la vessie, le sable des reins, le bolus comme glu, & la matiere boüeuse de l'estomach, outre vne grande varieté de maladies incogneuës aux anciens. Paracelse distingue le tartre en deux, sçauoir en tartre accidentel ou estranger, prouenant du boire & du manger, & en naturel, né auec nous, ou hereditaire du sang; or celuy cy prouenant d'vne disposition tartreuse, parce que le medecin ne peut pas contraindre la nature, demeure incurable si ce n'est qu'on vse de la quintessence d'or laquelle

Sçauoir quād l'esprit du sel, c'est à dire la chair & l'vrine s'vnissent ensemble. La premiere separation du tartre donne l'vsnee qui est du foye, la seconde la gresle qui est de l'estomach, la tierce la pierre, laquelle est aux reins, ou à la vessie. Chasque hōme a l'vsnee & la gresle, mais non pas la pierre.

a le pouuoir de renoueller tout le corps.

Donc le tartre ou superfluité naturelle (laquelle n'est autre chose, que la matiere visqueuse du sel) de tous les corps coagulés, est la mere presque de toutes les maladies : car tous les aliments selon la diuine ordonnance, ont auec leur medecine le venin ou impureté tartreuse; il y a donc quatre genres de tartre, lesquels ont pris leur origine des fruicts des quatre elements qui nous soustiennent; le premier genre prouient de l'vsage des fruicts de la terre, comme legumes, herbes, & autres desquels nous viuons ; le second prouient du poisson & autres que nous prenons dans l'eau; le tiers est tiré de la chair tāt des animaux à quatre pieds, que des oiseaux; quant au quatriesme il est attiré du firmamēt, à ce dernier l'esprit du vin est grādemēt semblable à cause de sa subtilité ; il est neantmoins d'vne impression tres-forte, sçauoir lors que l'air infecté par les vapeurs de la terre, de l'eau, & du firmament, vient à nous infecter nous mesmes, comme nous remarquons en ces fortes & aiguës maladies astralles, sçauoir pleuresi, peste, prunella, lesquelles sorties des impressions des estoilles, sont viuement chassées par la medecine principalle.

Paracelse dit que la matiere des maladies, sçauoir le tartre est en deux façons; le premier est le bolaire, tel qu'ont les laictages, poissons, chairs. Le second est visqueux & bitumineux & nerueux, tels que sōt les excrements des bleds, legumes & racines. La resolution du tartre microcosmique separāt le tartre de son aliment est vn grand secret.

Ces quatre genres de Tartre se manifestent en l'vrine, & sont distinguez par l'art de separation : de là aussi appert de quel genre de tartre la maladie est faicte, donc celuy qui cognoit les aliments, & le regime du malade, cognoit par consequent la maladie, & quiconque cognoit

gnoit la maladie, peut librement donner assen-rence des aliments, & la maladie ne peut estre guerie que par le mesme aliment duquel elle a prins son estre, que si Galien auec ses sectateurs eussent eu la cognoissance des excrements du boire, & du manger (apellés venin & tartre par Paracelse) lesquels engendrent la plus grande partie des maladies du corps humain, ie croy que la cholere & melancholie n'eussent eu aucun lieu au champ de medecine; aussi quiconque ne cognoit ce tartre, matiere des maladies, prouenant des superfluités excrementices du boire & du manger, il est impossible qu'il puisse sçauoir auec quel milieu le fabricateur des maladies nous afflige, destruisant la machine du petit monde, & luy ostant la vie: le tartre ignoré, on ne peut sçauoir qu'est ce qui peut dissoudre lesprit de coagulation, & separer le tartre de sa nourriture, cest à sçauoir nostre chaleur naturelle, ou la chaleur du soleil & de la lune du microcosme, par le moyé duquel (à la façon du fœu qui consomme le bois) ce que nous mangeons est digeré & reduict en sang, si ce n'est qu'il soit empesché par le moyen de la maladie, & debilitation separatiue de la vertu stomachalle, du foye, & des reins, car alors il le faut conforter par son semblable, c'est à dire par la chaleur du soleil ou de la lune du marocosme si l'on la peut auoir, sçauoir vne matiere tres simple engendree de Dieu par lesprit du monde, auec l'esprit de nostre corps, lequel n'est point different de l'autre, & c'est pour la conserua

Sans cette resolution la vraye cure des maladies tartreuses cloche tousiours.

L'esprit vital en l'homme, & l'elementaire ne sont qu'vn esprit.

ſeruation & reſtauration de l'humaine nature; que ſi lon ne peut ceſte chaleur du ſoleil ou lune macrocoſmique, il faut taſcher dauoir quelque choſe, où le ſoleil & la lune eſtant en puiſſance, y ayent eſté mis actuellement par quelque artifice, ſçauoir conuertis en vn ſimple eſprit, tel que leſprit de noſtre vie, faict par reſolution & conionction de l'aliment: mais ſi l'archee de noſtre eſtomach, (ſeparant le pur de l'impur) ou du foye, ou des reins, eſt infecté, ou que par quelque accident externe leur vertu ſeparatiue eſt empeſchee, alors les excrements demeurent auec le chyle, & outre les maladies des reins & des inteſtins, ſe font encore les maladies ſtomachales à l'eſtomach, les iecorales au foye, les arthritiques à la partie viſqueuſe, aux nerfs, aux membres, & ioinctures, d'où arriuẽt la podagre, chyragre, genuagre par le moyen de la congelation de la matiere viſqueuſe, laquelle ſe faict auec leſprit du ſel, c'eſt pourquoy le tartre elementaire doit eſtre diſſipé par l'archee de noſtre eſtomach, de peur qu'il ne ſe face vn ſemblable tartre en l'hõme: car l'eſprit du ſel, qui eſt heros & ſeigneur de la coagulation en diuers ſubiects, engendre le calcul tant ſeulement du tartre, parce qu'il atrape la matiere reſoute & ſeparee de l'aliment, & de l'excrement.

Le tartre eſt different ſelon les paſſages des lieux, de la bouche, de l'orifice inferieur de l'eſtomach, de l'eſtomach meſme, des inteſtins, du foye, des reins, de la veſſie, de la chair, du sãg, & de la moëlle.

Secondement nous auons maintenant des medicaments plus parfaicts qu'au temps paſſé, comme les mineraux auec leurs deuës preparations & adminiſtrations, cogneuës aux enfans

de

de Cadinus,ſçauoir les Nigelles, fort exercés en ce faict: & comme l'on dict: à mauuais nœud faut vne mauuaiſe coignee; c'eſt pourquoy Paracelſe commande de ſe ſeruir des remedes violents pour les maladies violentes, parce qu'aux maladies extremes, il faut ſe ſeruir des remedes extremes.

En troiſieſme lieu, parce qu'en ce temps icy, l'harmonie du grand au petit monde eſt deſcouuerte, de façon que l'on ſçait quel medicament eſt propre à chaſque membre du corps humain, comme l'argent au cerueau, le ſaphir au vitriol, & ſmaragde: au cœur l'or, les perles & le ſaffran; aux poulmons le ſoulphre, & ainſi conſequemment.

Dauantage, il me ſemble, qu'il ne ſe faut pas ſtomaquer, ſi Paracelſe a refuté Galien, veu que Galien en a bien faict de meſme aux autres, voire Hypocrate a beaucoup eſcrit de choſes leſquelles ſont auiourd'huy refutées par les Galeniſtes meſmes; quiconque ſe ſera treuué aux conſultes des profeſſeurs en medecine, aura bien veu, comme ils ſont differents en leur opinion, & principallement pour les maladies particulieres, ignorans les cauſes & l'ouurier mechanique de la maladie; comme entre Scheckius & Fuchſius, pour la cauſe contenante des maladies: Entre Argenterius & Fernelius des fiebures; Entre Gal. & Rondeletius de la paralyſie, Epilepſie, & calcul: entre Fracancianus, Rondeletius & Falloye du mal de Naples: entre Altomarus & Fernelius de la goutte: & combien

Tu treuueras de grãdes cõtentions d'opinions chez Agrippa *de vanitate ſcientiarum*, chap. *de medicina*.

cõbien de milliers se treuue-il encor des nostres auiourd'huy, lesquels se perdent & perdront parmy les difficultés des disputes, auant qu'ils soient d'accord de la cause prochaine & germaine des maladies: ie passe icy sous silence les Botaniques, lesquels portés plustost d'ambition que du proffit, se plaisent à disputer de l'ame des plantes, en fin ce seroit vrayement perdre le temps de s'amuser à la dinumeration presque infinie des disputes & contentions medecinalles: tant seulement i'exhorte les sectateurs d'Hypocrate & de Galien (fondés en philosophie, experts en la preparation des medicaments, asseurés des inuentions de nos majeurs) qu'ils ne ferment pas la porte à nostre industrie, croyant que la vertu naturelle n'est pas encore esteincte en nous, & les erreurs des autres guidés par leur propre prudence, ou par les bons aduertissemens, aprés auoir recogneu l'erreur, qu'ils vueillent se remettre & lire attentiuement les escrits de ce nouueau philosophe & medecin, sçauoir Paracelse, en l'estude duquel il faut imiter les abeilles, lesquelles cueillent & ramassent leur miel du suc le plus odorant des fleurs, & separet en mesme temps le bon du mauuais, pour se seruir seulement de ce qui leur est vtille & proffitable: Ie ne dis pas pourtant, qu'il faille tenir pour des oracles euangeliques tout ce qu'il a mis en escrit, veu mesme qu'il se retracte quelquesfois de ce quil a dict: car ce faisant, nous ressemblerions à ceux, lesquels semblent adorer les

les opinions des philosophes ethniques; toutesfois les escrits de Theophraste sont tels, qu'ils nous baillent vne grande facillité pour entendre la doctrine d'Hypocrate, & de faict tout le monde me concedera que ceux là, qui sans iugement ny demy, condamnent Paracelse, ne sōt pas tant loüables, pour moy ie croy qu'ils nont iamais seulement leu vn paragraphe de ses escrits, que s'ils en ont leu, ie nestime pas qu'ils les ayent entendus. Or escoutés Philosophants qui vous arrestez à l'escorce de la philosophie, sans vous prendre garde au noyau, demandés à Dieu lesprit d'intelligence, & ne pensés pas de le pouuoir tirer des liures des philosophes, ny de Theophaste; toutesfois ses escrits ont esté mis au iour par le conseil, & aux despens du serenissime & Reuerend Prince Ernestus, Electeur du sainct Empire, pour le bien & vtilité du public, non pas sans grande difficulté, ayant les aduersaires bandés tout à faict contre, à cause qu'ils ne s'acordent pas auec les methodiques. Paracelse a escrit d'vn stile magique & non pas vulgaire, pour ceux qui sont doctes & expers, qui ont esté instruits dās l'eschole magique, vrays fils de la sapience, & non pas pour les sophistiques & alchymistes affamés de l'or; la raison pourquoy il a escrit en ceste façon, a esté iuste, parce quil voyoit quelques medecins & pharmaciens de son temps, lesquels ne tendoient à autre chose que de le deceuoir par quelque mauuais poison: & s'il eust escrit plus clairement, ces vulgaires alchymistes eussent

surmon

surmonté tous les medecins, & eussent prostitué l'art au grand detrimēt & iniure de la nature: il a caché ses mysteres sous de diuers & vulgaires noms; cest pourquoy il ne faut pas prendre ses similitudes pour les verités: car les secrets de medecine, c'est à dire la vertu diuine cachee, ou parolles magiques de Paracelse sont entenduës de bien peu de gens: doncques ils demandent ce grand nageur Delius, & vn esprit magique, c'est à dire le pur œil de l'entendement, qui puisse bien comprendre leurs sentences, & fouiller au profond des mysteres les plus cachés & difficiles; lors que ie parle de magie, ientēds tousiours vne magie licite (non pas la prophane & infame diabolique, digne du feu, suiuie par des esprits perdus portée d'vne curiosité autant pernicieuse que dangereuse) & la consommation absoluë de la noble philosophie, laquelle a coustume de perfectionner en nous la science des œuures de Dieu, & la pleniere notice de la nature, par l'obseruation de la simpathie & antipathie des choses, apliquant l'agent au patient; d'ou s'ensuiuent des effects, qui surpassent le commun entendement. Ceux qui liront Paracelse, se prēdront garde, qu'à l'imitation du grād Hypocrate, il a cōioinct ensemble l'exercice de la medecine phisique & chyrurgique: car il constitue deux medecines, sçauoir la physique, laquelle est la cognoissāce de toutes maladies, & la chyrurgique laquelle est la cure dicelles, où (à la façō des charpētiers) il faut operer manuellemēt: toutesfois il est fort difficile, que l'vne puisse estre

estre sans l'autre, si ce n'est au grand dommage & peril des malades, c'est pourquoy il est necessaire que tout Chirurgien soit bon Physicien, comme au contraire l'espoux entier doit estre à l'entiere espouse : d'ailleurs il est expedient de faire choix des medicaments, & que les Medecins ne permettent à autre qu'à eux mesmes la preparation & composition d'iceux. Et de faict, celuy-là est vray Medecin, lequel ayant parfaictement recogneu ses medicamens ne les prepare pas par raison, comme font ordinairement les Medecins rationels, ains employe sa main pour les preparer, repurger, & separer de leurs impuretez & venins, les reduisant soy-mesme à leur pure simplicité, sans se fier à l'impertinence d'vn cuisinier ignorant : Car le bon est meslé auec le mauuais ; si bien que l'on ne peut pas dire que le succre soit sans grande impureté, ny le miel sans quelque amer venin : Mais apres que le sage Medecin a fidellemẽt preparé ses medicaments, il ne craint point de les appliquer, & exhiber pour les necessitez humaines, afin que la semence des maladies soit arrachee, & les malades secourus en leurs necessitez. Doncques, le vray Medecin doit sçauoir la Practique, & Theorie ; parce que l'vne est tout à faict sterile sans l'autre. Si que la Medecine s'aprend par le trauail manuel, & par l'operation ; Practique, parce que de iour en iour le feu monstre de nouueaux & tres-suaues remedes, desquels la Nature faict present à ses œconomes, les ayant tousiours mieux repurgez de leur superfluitez. Mais, que ferons-nous ? les grands Docteurs de nostre temps, qui ont desia consommé leur aage en la Medecine, ne se veulent pas aduoüer apprentifs & disciples, ayans honte de commencer à foüir la terre. C'est la verité qu'il y a aussi grande difficulté de replanter vn arbre desia vieux, que d'accoustumer vn vieux chien à l'attache & à la chasse, de mesme ces Messieurs ayment mieux à veuë d'œil contredire à la verité, & japper contre icelle en façon de vrais chiens, que d'amender leurs erreurs auec vn peu de peine: leur excuse n'est autre, sinon qu'ils ne veulent pas qu'il soit dict qu'ils n'ayent esté assez doctes, ou qu'ils ayent apprins d'autruy.: Et combien qu'ils crient à haute voix que les Chymiques ne sont pas Medecins, quoy qu'ils soient bien versez en la Medecine, & qu'ils n'ignorent pas les remedes propres à chasque maladie. Mais ie vous prie, voyons ces Medecins rationels aupres d'vn malade, ils sont le plus souuent si estonnez, qu'ils ne sçauent que dire ny que faire; & parce qu'ils n'ont aprins la preparation des medicaments qu'en parolles, ils se contentent d'estre tant seulement flatteurs, & non pas curateurs du mal; toutesfois, ie ne me veux pas icy rendre protecteur de ceux, qui rejettant les escrits d'Hypocrate & des anciens, font trophee d'estre disciples de Paracelse, & n'entendent pas seulement le sens de sa theorie, ce qui me fait à croire qu'ils ne font iamais rien qui vaille: il y a encor quelques Pseudo-Theophrastiens, lesquels par leur auarice & temerité, prophanent ceste diuine Medecine (contraincte de seruir de charruë auiourd'huy à plusieurs personnes) & n'ont point de crainte de se rendre effrontez

Ayant perdu leurs receptes ils ont perdu toute leur fortune, & sciẽce: L'experience sans sa mere, la Philosophie est incertaine.

effrontez pour deceuoir le monde, se iactans d'auoir en main les secrets de Paracelse, (quoy qu'ils soient autant ignorants en la Medecine Philosophique qu'en la vulgaire :) prennent auec leurs salles mains la Medecine, & confits de quelque experience qu'ils peuuent auoir, entreprennent à guerir à l'instant toute sorte de maladies : voire ils n'ont pas seulement encor aprins à ietter le bois bien à propos dans le fourneau, qu'ils hazardent la cure des grãdes & griefues maladies : & lors que par leur auarice, ou iactance Thrasonique se vantent de pouuoir guerir toute sorte de maladies, ils n'ont point d'honte de mentir audacieusement, & ayant tiré grande somme de deniers, ils paissent les pauures malades auec des promesses autant vaines que menteuses, & sous la fauce apparence d'vne future santé, laissent le plus souuẽt les malades & les maladies dans vne biere : & combien que nous voyons en des grandes & difficilles maladies, ausquelles toutes les subtilitez des sens sont engourdies, que tous les remedes, tãt des Grecs que des Arabes sont vains ; voire que tous les indices & analogismes desesperez donnent lieu à l'absurdité des remedes d'vne vieillotte & d'vn empirique, au desaduantage des Medecins, & que plusieurs Galenistes soient confondus par des charlatans en vne infinité de maladies : Toutesfois, iamais homme sage n'a approuué l'incertitude de leur impie medecine, laquelle ne s'exhibe qu'au danger du patient. Mais afin qu'à l'aduenir on puisse aller au deuant de ce mal, & que l'iniuste note d'infamie soit effacee des Medecins, à cause de la procla-

Telles gens apprenent au danger des hommes, & font leurs experiences en tuant ; voire ils gagnent l'argent par leur ignorãce.

En vne Cité n'y a plus grãde troupe que de Medecins.

Il faut fuir l'oisiueté parce qu'elle est la cuue de Sa-

mation d'incertitude de leur art: les estudians en Medecine, qui sont desia faicts & sacrez ministres & Prestres des Muses, & qui ont conioinct leur Muse auec leur nature, exempts des racines de l'enuie (ausquels semble que les Dieux vendent toutes choses) & qui postposent l'oisiueté au labeur & trauail, parce que la Theorie de la Medecine Paracelsique est encor tellement embrouillee & enuelopee d'obscuritez, que ayans negligé la noirceur des mains, & les remedes, & preparatiōs de Paracelse, & autres Chymiques, ils aymēt mieux emprūter d'Hypocrate & autres recēts, que de se seruir de la seurté de leur methode & inuention; ce n'est pas à dire qu'il ne puissent combiner par ceste voye sans aucune contradiction les deux Escolles de Medecine, sçauoir la nouuelle & l'ancienne; veu que cela se peut sans aucun scandale: quoy que l'ancienne aye esté renduë de mauuaise odeur, par la damnable coustume de nostre temps; ce neantmoins, c'est celle là par laquelle l'on peut indifferemment repudier le bien & le mal: Daduantage, il faut prendre garde que le Medecin est vrayement la main de Dieu, lors qu'il exhibe ses medicaments auec consciencie, apres auoir renoncé à toute sorte de superbe par la fermeté de la crainte de Dieu, & par l'amour & charité qu'il a enuers son prochain malade. Mais au contraire, s'il est meschant & de mauuaise vie, il ne sert que de malheur & poison au patient; iaçoit que la meilleure partie des medecins fraudant nostre vie par des biens estrangers, soit jalouse (à cause de son enuie desordonnee) de communiquer aux hommes

than, la mere des fables, & la marastre des vertus.

Il faut tousiours trauailler pour le proffit du prochain, cōmençant bellemēt du plus petit, & s'aduāçant en apres au plus grand.

En ce mespris des sciences on perd le bien, & l'on choisit le mal.

Le plus grād forcement de la Medecine est la foy ferme en Dieu, & l'amour du prochain, au deffaut duquel tout l'art est deffaillant.

Paracelse ne veut pas qu'on rende obscure la Medecine.

hommes la medecine auec ses preparations, craignant que par ceste communication, qu'ils appellent entre eux prophanation, ils ne perdent vne partie de leur lucre. Mais à propos de prophanation, escoutons le commun peuple, lequel est si sot, de dire que si l'on communique quelque secret à vn autre, le secret n'a plus de force chez celuy qui l'a cómuniqué: Sans doubte c'est vne astuce de ces Medecins enuieux, lesquels ne veulent pas dire leurs secrets, faisant toutes leurs preparations en cachette; toutesfois, telle sorte de gens beant apres le lucre, m'auront en meilleur estime s'il leur plaist, & apres qu'ils auront bien pensé & pesé, que tous ne sont pas appellez de Dieu, & de la Nature à la Medecine, cesseront de murmurer contre moy, donnant trefues à leur ordinaires imprecations. Apellez à la Medecine, i'entens à ceste Medecine requise selon l'art methodique, & ordonnee auec la maniere d'appliquer les doses conuenables selon les corps: car, vne selle n'est pas propre à toute sorte de cheuaux; & vn malade ne peut pas manier l'espee, comme faict vn Capitaine exercé en l'art militaire. Et afin que ie laisse à part le reste des perfections & circonstances requises au docte Medecin, ie me contente de dire, qu'il ne peut legitimement appliquer & administrer le mesme remede auec la mesme dose à tous les malades. Quant au propre & vray office du syncere & expert Medecin (lequel instruict pieusement & religieusement, suit les vestiges de la venerable antiquité, adioustant tousiours les benedictions des Hermetiques, afin qu'on ne croye pas que la

Toutes personnes ne sont pas propres à la Medecine, aussi le don de Medecine n'a pas esté desliuré à tout le móde: & quoy que toutes les experiences soient des secrets, toutesfois les ignorans ne sçauent pas la dose & vraye suffisance en laquelle consiste la force de la Medecine: car si le Saffrá, & Theriaque sont dónés en trop grande abondance, ils se rendét venin, & si l'on en donne moins, demeurét sans nul effect, & par ainsi il est necessaire que

le Medecin seul sçache son experiẽce. Chap. 3. sect. 17. 1. Corinth. 10. sect. 31.

moindre chose se puisse faire sans l'assistance de Dieu.) c'est de suiure la coustume plus loüable, sans s'esloigner aucunemẽt de la pieté & Iustice. Et quiconque des hommes, ayant laissé la benediction veut exercer l'estat de quelque creature, il est croyable qu'il l'a desrobee & vsurpee de Dieu, & la tient de luy comme en depost : mais nous qui professons le Christ, deuons tousiours offrir au nom de IESVS, comme le Docteur des Gentils commande aux Coloss. disant, Tout ce que vous ferez, soit en effect, ou en parole, faictes que cela soit au nom de IESVS-CHRIST, luy rendant graces, & au Pere par sa mediation. Doncques il faut impetrer la benedictiõ de Dieu par prieres : escoutons nostre Seigneur mesme, qui dict : *Inuoque moy au iour de ta tribulation, & ie t'en retireray, afin que tu me glorifies.* Doncques auant toute medecine, il faut inuoquer & prier nostre souuerain Createur, que la medecine qu'il luy a pleu ordonner (comme moyen) puisse des effects autant diuins que salutaires, afin que son Nom soit d'autant plus glorifié : En second lieu, apres que nous auons reçeu nostre santé tant desiree, il se faut souuenir de rendre action de graces à la diuine Majesté, pour le benefice qu'on a reçeu du Ciel, & pour euiter l'ire de Dieu, laquelle panche tousiours dessus la teste des ingrats : Ces deux poincts ont esté obmis presque de tous les Medecins : voila pourquoy leur est arriué vne si grande quantité d'infortunes, lesquelles ont par apres esté rejettées dessus l'art.

Il faut encor remarquer, que jaçoit que le Catharctique par exemple, opere aussi bien au maunais qu'au bon (ce que Dieu permet, pour monstrer & faire d'aduantage reluire sa Misericorde) toutesfois la fin en est diuerse, dautant qu'au bon elle est salutaire, & au contraire au mauuais & impie, elle est nuisible : car le medicament prins sans l'imploration de la grace diuine, arreste pour quelque temps la maladie du mauuais, mais il n'y perd que l'attéte, car vne plus griefue & plus dangereuse maladie le suit incontinent en queuë: Qu'on se donne encor garde en ce lieu, que souuent le malade ne guerit pas, quoy qu'on vse des medicaments les plus conuenables & meilleurs pour sa maladie, & c'est pour les huict raisons suiuantes.

Siracid. chap. 39. sect. 30.

La premiere est, que nous ne pouuons passer le decret du terme de nostre vie, non pas mesme quand nous employerions les plus subtils esprits du monde : car il n'y a aucun remede qui nous puisse desliurer de la mort, puis qu'elle nous est acquise par le moyen du peché : toutesfois, il y a vne chose laquelle oste la corruption, renouuelle la ieunesse, & prolonge la briefueté de la vie, comme nous auons veu arriuer à quelques saincts Patriarches : & combien que la vie puisse estre allongee & abregee (comme nous dirons cy apres) neantmoins il faut à la fin mourir, estant le decret de la Loy diuine tel, qu'il faut sentir la rigueur de la mort, comme estant la peine deuë au peché, outre que la conjonction des choses diuerses traine necessairemét la dissolution auec soy, autrement il faudroit constituer vne retrogradation des aages, comme a faict Platon.; & en tel cas l'vsage de la Medecine en general seroit

Paracel. au liure de la resuscitatiõ des choses naturelles, fol. 2. 5.

La cause de la mort est l'ennemy domestique que nous portõs auec nous.

La malediction est ostée des creatures par la mort, Sir. chap. 10. sect. 11. ch. 14. sect. 18. ch. 41. sect. 5.

vain & sans nulle valeur. Parce que le mariage de la vie auec la mort, destiné à la separation par vne immuable necessité, ne se peut rendre perpetuel par l'art, ny par la nature : car les loix de la nature sont inuiolables. Donc c'est en vain de chercher la vie outre le terme que Dieu nous a prescrit, parce que hors d'iceluy, il n'y a ayde ny secours qui nous puisse seruir.

La seconde raison, n'est autre que l'impertinence de quelques ignorants Medecins, lesquels par le moyen de la malignité de leurs medicaments, ont reduit le malade en tel poinct, que l'vsage des bons medicaments ne sçauroit remettre ny restaurer ce qui est corrompu dans le corps; & pour l'ordinaire, ceux qui font ces lourdises, se qualifient Chymiques, lesquels se souuiendront s'il leur plaist du Medecin Trophilus de Plutarque, asseurant celuy-là estre vray Medecin, qui τὰ δυνατὰ ἐςὶ καὶ τὰ μὴ δυνατὰ δυνάμενος ἀναγινώσκειν peut cognoistre le possible & l'impossible : & de faict, ils ne se glorifieront iamais de l'excellence de leurs remedes à leur desaduantage, οὐ γὰρ μετανοεῖν, ἀλλὰ προνοεῖν χρὴ τὸν ἄνδρα τὸν σοφόν, dautant que le Sage preuoit de loing afin de ne se repentir iamais. Qu'ils se donnent garde de mesler leur medicaments auec les venins des autres, de peur qu'on n'attribue la meschanceté aux bons, & la bonté & vertu aux mauuais ; c'est vn mal'heur deplorable de l'enuie de quelques Medecins, lesquels auant que permettre & ceder l'honneur & loüange à vn autre plus expert qu'eux, pour conseruer leur estime, ayment mieux reduire à l'extremité le pauure malade

(guerissable neantmoins par les remedes d'vn autre) c'est pourquoy le commun peuple les appelle auec raison Bourreaux honorables.

La troisiesme est, parce que le Medecin est appellé trop tard, veu qu'il y a de gens qui attendent que la nature aye desia failly, & que la maladie aye gagné le haut bout, & se soit rendue maistresse du corps; car il est asseuré que si le Medecin peut semer la semence conuenable, & en temps deu au champ malade, ayant osté les principes des impuretez, moyenant la grace & benediction de Dieu, le fruict tant attendu de santé sera bien tost recouuert.

La quatriesme est, lors que le malade ne veut pas obeyr : car il arriue souuent que le malade rejette au Medecin ou à la medecine, les fautes que luy mesme, contre la loy dorée d'Ælianus Locrensius, aura commis par son mauuais regime de viure.

La cinquiesme est, parce qu'il y a quelques natures ou proprietez en certaines personnes, lesquelles ne sont aucunement enclines ny idoines à la santé, semblables à ces bois que nous voyons, lesquels à cause de la multitude des nœuds, ne se peuuent iamais bien fendre : souuentesfois aussi, le temps auec la mauuaise inclination des astres, est contraire à la santé : car tout ce qui est guery auant le temps, est fort subject à recheute: Doncques il n'y a que la seule heure ou moisson du temps, qui puisse donner vne ferme & asseurée santé : Nous voyons ordinairement que la poire en sa parfaicte maturité tombe de son bon gré, laquelle autrement ne seroit tombée, quoy

En la cure il faut auoir esgard au temps: car l'hyuert faict ce que ne faict pas l'esté, & l'esté ce que ne faict pas l'autone.

qu'on se fust amusé à branler & secoüer l'arbre: à raison dequoy ces choses susdictes estant negligées tout est vain, principallement à la cure des maladies astralles. Outre-ce, il faut que les Medecins se donnent garde, qu'il n'y aye plus du danger de leur costé par le moyen de la medecine, que de celuy de la maladie, se souuenãt que leur principal estude, doit estre de ne nuire point là où ils ne peuuent aporter aucune guerison, & en ceste façon ils conserueront leur conscience en pureté, & se tiendront ioyeux exempts de toute synderese & remords de conscience.

La sixiesme, parce que les maladies ont atteint le terme de leur predestination, les loix de Nature ayant desnié là leur total retour, comme aux coagulations parfaictes, absoluës & consommées, bitumineuses, bolares, pierreuses, & areneuses: car en ces maladies ja consommées, il ne faut chercher aucun remede, comme il se void aux sourds & aueugles naturels: car ce que la nature a vne fois perdu, ne se peut reparer par aucune inuention de medecine, ce qui est clair en la substance du corps mal conformée, & aux parties genitalles transposées, lesquelles on ne peut rechanger.

Personne ne peut reparer les deffauts de nature.

Il faut que le Medecin face au pauure pour l'amour de Dieu.

La premiere vertu du Medecin est la charité.

Siracid. 38. sect. 18. Le Medecin & la medecine sont la vraye misericord de Dieu.

La septiesme est telle, ne plus ne moins que la sordide auarice & tenacité du malade (quoy qu'il n'y aye argent acquis plus hõnestement, ny donné plus à contre-cœur qu'au Medecin) rend les Medecins paresseux à leur deuoir, de mesme aussi arriue il souuent que l'hesitement, la mesfiance, & incredulité du malade enuers le diligent Medecin retarde l'effect du medicament, & souuent l'empesche tout à faict ; Ie ne parle pas de ceux, lesquels ayant mesprisé l'ordre de Dieu, ne se veulent seruir d'aucun remede en leur necessité, pensent guerir en disant, Dieu m'a donné le mal, & me l'ostera s'il veut, c'est la verité que Dieu est le souuerain Medecin, mais pourtant, il ne faut pas contreuenir à l'Ordonnance Diuine: Nous auons deux sortes de medecine, sçauoir, la visible creée ; & l'inuisible, qui est la parole de Dieu : doncques, celuy qui est guery par la medecine, est guery par la parole de Dieu ; & celuy qui mesprise la parole de Dieu, mesprise aussi la medecine ; & qui mesprise la medecine, mesprise par consequent la parole de Dieu : car disant, La medecine n'est rien, il dict qu'il n'y a point de Dieu. D'aduantage (comme il a desia esté dict) le malade estant excité, il prend plus auidemment la medecine, & auec moins de regret ; à raison dequoy (puisque la tristesse est le venin de la vie) Hippocrate parle en ses Aphorismes de la confiance du malade enuers le Medecin, & ce qui luy est donné: car la ferme confiance, & l'esperance asseurée, l'amour, & croyance du malade enuers le Medecin, & la medecine, font vn grand effect pour la santé, voire souuent plus que non pas le Medecin, ny la medecine. La foy naturelle (ie ne parle pas de la foy de grace enuers Iesus Christ) engendrée auec nous en la premiere creation, ou pour plus clairement parler, l'imagination est tellement puissante, qu'elle excite, & guerit les maladies, comme nous voyons au temps de peste, lors que l'imagination propre par sa crainte & ter-

L'esprit joyeux, est vn conuiue continuel. Sirac. ch. 38. sect. 19. ch. 30. sect. 25.

Le Medecin auquel l'on se fie le plus, faict plus de cures que les autres.

L'imagination est sẽblable à la poix, laquelle obeyt facillement, & conçoit legerement le feu.

Les estoilles sont les verges des astres. Paracel. *Tract. de pestilitate.*

La volonté & imaginatiõ de l'homme, sont la mere de la peste: c'est pourquoy l'hõme imaginant la peste, peut infecter toute vne region.

reur engendre le basilic du ciel, empoisonant le firmament du microcosme, selon que la foy du patient aide: la peste naturelle se fait firmamentale, & surnaturelle, lors que l'Iliastre, ou Euestre du Soleil acharné à la peine à cause du peché des hommes, par vne singuliere participation auec l'Euestre des hommes, infecte, & chastie les mortels;(à cause de ses pechez, comme i'ay desia dict) par l'influence des estoiles, bruslant par leur malignité veneneuse, & aspect sinistre, la mumie, & soulphre du microcosme; possedant, & ayant en soy tous les venins du microcosme: si qu'il ne se trouue medecine aucune; tant soit-elle puissante, laquelle luy puisse resister. En fin, la force de l'esprit siderique est si grande, & si puissante au corps, que tout ce qu'il s'imagine, ou songe, est incontinent eleué par le corps; ce que nous voyons à ceux qui marchent la nuict. N'est-il pas vray qu'il n'y a rien d'impossible aux fidelles? parce que la foy asseure tout ce qui est incertain, & Dieu ne peut estre vaincu que par la foy: donques celuy qui croid en Dieu, opere par le moyen de Dieu, d'autant qu'en Dieu toutes choses sont possibles; de rechercher comme cela se fait, il ne se peut: car la foy est l'ouurage, mais l'ouurage de celuy auquel on croid. Les pensées surmontent les operations des astres, & des elemens: car quand nous pensons, & adioustons foy à nos pensées, alors la foy donne la derniere polissure à l'ouurage, & ne se peut rien faire sans la foy; d'autant que la foy donne l'imagination, l'imagination donne l'astre, & l'astre (à raison du mariage

riage qu'il a auec l'imagination) donne l'effect, ou l'ouurage. Adiouster foy à la medecine, c'est donner l'esprit à la medicine, l'esprit donne la cognoissance de la medecine, & la medecine donne la santé: de là s'ensuit que le Medecin sort de la foy, & en tant qu'il croid, l'esprit de la medecine, ou astre naturel l'aduance, & luy preste faueur; d'où arriue que souuent par la foy de l'imagination l'homme fait des choses que les meilleurs Medecins auec leurs medicamens ne peuuent faire. Aussi void-on que souuent la foy, ou persuasion guerissent plus de personnes, qu'aucune efficace & vertu medecinale exhibée par l'expert Medecin, comme nous auons veu faict desia quelque temps de cette tant renommée Panacée & Anuvaldine, & maintenant en cette nouuelle fontaine medecinale aux fins de Misnye & Boheme, descouuerte seulement cette année, à laquelle aborde vne infinité de malades; on n'en peut donner autre cause, que l'excés de la constance de celuy qui prend l'eau, veu que cette puissance ne peut estre en autre part, qu'en l'ame de celuy qui prend la medecine, lors qu'ayant quitté toute crainte, & sinistre imagination, il est porté en vn desir excessif de sa santé: car l'ame raisonnable excitée & poussée par vne vehemente imagination, surmonte la nature, & par ses fortes imaginations renouuelle beaucoup de choses en son propre corps, & enuoye la maladie, ou la santé, non seulement en son propre corps, ains (qui plus est) aux autres corps. Aussi void on que celuy qui est tombé en rage par la morsure d'vn chien enragé, forme des

Le Paracel. *de morbis inuisibilibus*, & de l'efficace de la foy naturelle, laquelle par l'assistance de Dieu, peut naturellement toutes choses. A raison de quoy Damascene: Il faut persuader & promettre la santé au malade, & ne luy faut iamais oster son esperance, quoy qu'il soit desesperé de sa santé.

des figures de chien auec son vrine;ainsi l'enuie d'vne femme enceinte agit aux corps esloignez, quand par oubly elle marque l'enfant qui est dans son ventre, de la chose qu'elle a desiré:par son imagination elle forme l'enfant ne plus ne moins que le potier de terre son pot.La crainte, la frayeur,& l'appetit sont les causes principales d'où sort la fantasie, estimation, & imagination des femmes enceintes : car quand elles commencent à imaginer,alors les astres du firmamét microcosmique, ou astres de l'esprit humain, auec la fantasie, estimation, & imagination, se meuuent de mesme que les astres du firmament macrocosmique,auquel lesdicts astres montent, &descendent à tout moment, iusques à ce que l'impression soit faicte,durant laquelle les astres de l'imagination de la femme enceinte impriment l'influence & impression à l'enfant, tout de mesme que les graueurs de seaux à la matiere qu'ils ont mis dessous. Et par ainsi il est tres-clair que les affections vehementes de l'esprit peuuent causer la mort, comme nous auons leu aux histoires, quoy que cela soit triuial parmy le vulgaire, que les hommes meurent souuent par vne trop grande ioye, ou tristesse, ou par vne trop vehemente haine, ou amour; comme au contraire il arriue quelques fois qu'ils sont gueris de grandes maladies possedez des mesmes passions; i'en prens à tesmoin Auicenna,lequel asseure que la nature obeït aux pensées, ou aux vehemens desirs de l'ame, & que l'ame estant affectée, le corps l'est aussi. Outre ce, l'efficace de la susdicte foy naturelle s'est manifestée en cette

Sont les impressions des astres inferieures.

Doncques, Aristote au liure de l'ame a raison de dire, qu'il vaut mieux que le corps soit malade que l'ame, & la parolle est le Medecin de l'ame.

Le corps est corrumpu par les passions de l'ame.

Les passions de l'esprit ressentent les mouuements du corps.

Cette foy naturelle, ou

ceſte femme trauaillée des Hemorrhoides,& au Centurion. L'hõme creé à l'image & ſemblance de Dieu qui encore ſembloit retenir quelque traict de la maieſté diuine a beaucoup de pouuoir. Voyre il eſt aſſes manifeſte combien de puiſſance peut auoir la conſtante credulité en l'ame eſleuée par le moyen de l'imagination. Car ſon pouuoir eſt tel qu'il ſemble pluſtoſt operer miraculeuſement,que ſelon l'ordre de la nature : mais au contraire le doubte de la foy & mesfiance diſſipe non ſeulement la vertu de l'ame operante,laquelle eſt le milieu des deux extremes,voire encore il rend infirme toute actiõ tant en la vraye religion,qu'en la ſuperſtition & rend de nulle valeur l'effect cherché auec des grandes experiences ; cecy ſoit neantmoins remarqué diligemment, que noſtre Sauueur ne voulu point montrer de miracles aux Capharnaïtes à cauſe qu'ils ne vouloient point croire, ſi bien qu'il faut inferer qu'ils luy reſiſtoient par leur mauuaiſe foy & peu de croyence. Car ne plus ne moins que l'homme ne peut rien ſans Dieu, de meſme auſſi Dieu ne veut rien faire ſans l'homme qui eſt ſon organe, ſi bien donc que Dieu & la creature agiſſent enſemble, & l'vn ſans l'autre ne faict rien;doncques les hommes ne doiuent auoir aucune volonté ſans Dieu auquel nous ſommes,auquel nous viuons, & par le moyen duquel nous auons le mouuement.

La huictieſme & derniere c'eſt afin que le malade eſtant remis en ſon premier eſtat de conualeſcence,ne commette de plus grands pechez,

ſapience du Createur, dõnée aux creatures creées à ſon Image & ſẽblance;quoy qu'elle puiſſe tout, toutesfois elle doit garder la proprieté de l'image.

Toutes choſes ſont poſſibles à celuy qui croit & veut, & tout eſt impoſſible à celuy qui eſt incredule & ne veut point, comme il penſe & imagine par ſa foy.

Ainſi faut-il qu'elle ſe face, Math.19. ſect.21. Geneſ. ch. 30. ſect.25. 26.&c.

La foy a l'incredulité pour ennemy tres-puiſſant : car l'imagination cõioincte à la foy peut tout. Math. 21. Les deſtinées font auſſi quelque maladies incurables, ce que nous cognoiſſons par la denegation du ſecours des remedes exhibez, Mat. 9. ſect. 2. Hiob 33. ſect.19.

tant enuers sont prochain que contre Dieu. Car toutes les maladies sont des sacrifices, appellez autrement par le iuste Iuge, vengeance ou fleau pour l'amendement de nostre vie. Ceste paternelle visite ou Croix doit seruir d'exemple & à noꝰ & à nostre prochain, afin qu'à l'aduenir nous aymions & craigniõs d'aduantage nostre Souuerain Createur, car Dieu permet souuẽt qu'il arriue de grandes & longues maladies aux hõmes, sans lesquelles la santé de la chair eust causé vne grandissime maladie à l'ame, & l'eust mise au danger de sa perte & damnation; car la santé sans la remission des pechez ne faict rien, veu qu'elle est plustost vne condamnation; outre ce les pechez affoiblissent fort les vertus de l'ame, si bien qu'ils la rendent impuissante au naturel regime du corps, à raisõ dequoy les forces corporelles se debilitent, & courent au chemin de la mort. On peut encore dire que par le moyen de ce ioug, ou purgatoire, sçauoir la maladie: l'homme est contenu en son deuoir (quoy que bien peu se vueillent amender par les infirmitez) parce que la licence, & pouuoir de pecher luy sont osté, desquels il eust abusé s'il fut esté en pleine santé.

Le Medecin cõmence lors que l'ire de Dieu cesse, Hiob. 33. sect. 26.

Quant à ces maladies engendrées par l'ire des Cieux auquelles les impressions des astres font resistance, il ne se treuue meilleur remede que de pleurer de bon cœur ses pechez, & tascher d'appaiser l'ire de Dieu se reconciliant auec son prochain, & amendant sa vie passée pour l'amour du celeste medecin des ames nostre Sauueur, sousmetant sa volonté au plaisir de Dieu, supor-

tant

tant patiemment toutes choses pour l'amour de l'infinie misericorde de nostre pere celeste. Paracelse les appelle maladies Deales par ce que c'est Dieu mesme qui les nous enuoye, operant seul pour les bons & pour les mauuais : mais comme il ni a point de maladie laquelle n'aye quelque remede conuenable, soit pour la guerir ou pour la soulager, il dit qu'apres auoir tenté la cure par des medicaments, il faut auoir recours à la foy, ou à la fin du Purgatoire : quant aux causes desdictes maladies elles sont incognuës, c'est pourquoy il faut recourir à la foy & non à la nature, ne plus ne moins qu'aux maladies Deales, ou cure Deifique, il faut auoir esgard au terme predestiné selon la volonté de Dieu.

Cette occulte Minerue de la Philosophie ou perle vnique tres-precieuse, surpasse toute sorte de valeur.

VI.

De l'Vnique, & tres-grande Medecine des anciens Philosophes.

D'Aduantage quant à ce qui appartient à ceste grande & vniuerselle Medecine philosophique, afin qu'en qualité d'augmentateur i'adiouste cecy, on ne treuue point qu'il soit sorti vn plus precieux don de sapience, du thresor inespuisable de la diuinité : ny (ayant excepté l'ame raisonnable laquelle apres Dieu est la chose plus admirable qui soit au Ciel & en la terre) plus noble, plus sublime, & plus excellent que ce grand secret des secrets auquel beaucoup de merueilles, voire toutes choses sont faictes tant aux planettes de l'astronomie inferieure, d'esquelles il expulse, & chasse la vilennie & imperfection par son impression penetratiue, (car il separe toutes les essences externes soulphreuses & terrestres des metaux du corps humain) qu'à la restitution de la santé ia perduë, par sa vigueur ignealle : mais afin que outre vne infinité d'vsages, ie passe sous silence l'vsage magique & supercelefte, l'influence Gonetique des rayons du Soleil & de la Lune finie, auec la quatriesme reuolution sur sa terre natale : il est doüé absolument de toute puissance creée, ou influée, tant au monde elementaire qu'au celeste, & supercelefte : merueille des merueilles: car puisque Dieu est admirable en ses œuures, il a coustume de mettre ses dons merueilleux aux hommes admirables; ie ne le dis pas sans authorité, car toute l'antiquité, & la verité de ceste science traduicte de toutes les langues & nations estrangeres me fauorisent sous le consentement de ces grands Docteurs, lesquels ont vescu auec vne grande admiration & loüange: d'aduantage outre l'asseurance & expectation oculaire de plusieurs de nostre siecle, cela ne me semble pas trop difficile d'asseoir par leur escrits tissus par l'ordre de la verité philosophique, & couuers neantmoins d'vn grand voile des Hieroglyphes, magiques & mathematiques. Qui doncques sera celuy-là lequel n'admirera vn si grand don de Dieu, prix immortel de la vertu & estude, lequel promet aux Philosophes vn raieunissement apres auoir quitté la vieillesse auec vne perpetuelle santé; & sans le detriment du

Voy la Monade de Iean Deee de Londres, & Rogerius Bachon.

du prochain, vn viure & entretien honneste non pas par vsure, fraude, & fauce marchandise, moins encore par l'oppression des pauures, (comme font auiourd'huy ces gros richards) ains par le moyen de leur industrie & trauail manuel : c'est pourquoy à Dieu ne plaise que negligeant l'exemple des anciens, ie vueille mespriser ces tant amirables merueilles de la diuine Maiesté, ou offusquer ces tant celebres vertus de la nature, (car quiconque mesprise la science, mesprise aussi l'Autheur de la science, sçauoir Dieu tout-puissant) ou qui pis est à l'imitation de plusieurs calomnier, & taxer les speculations des hommes, comme oisiues, vaines, & procedantes d'vn cerueau mal timbré. Toutesfois ceux-la pensant acquerir du renom aux despens d'autruy, donent des amples tesmoignages aux doctes, de l'imbecillité de leur esprit, & de leur ignorance. Doncques il faut chasser de ceste diuine table, ces ignorans calomniateurs appellez à bon droict sots par les Philosophes. Quelques vns peut-estre dresseront icy les oreilles, croyant que fauorisé de mon propre esprit, ie me glorifieray de la preparation de ces secrets, ou (à la façon des philosophastes saltimbanque) bouffy de vaine gloire ie m'attribueray l'absoluë cognoissance de cet art : mais comme i'ay cy-deuant promis au lecteur, que ie ne mettray en lumiere que ce que i'ay experimenté, ie ne veux pas mentir en ce lieu, n'estant la menterie propre qu'aux imposteurs & non à ceux de ma sorte : car cet art & science sacrée & diuine des Philosophes, & non des Sophistes, est

Ie me veux icy mettre en place de Iuge, & exercer l'office de la pierre de touche. Et affin que ie proffite plus aux autres qu'à moy mesme, ie me veux tenir à la porte, affin de monstrer l'entrée à ceux qui sont dehors.

mal à propos condemnée & accusée de fauceté par les ignorants : c'est la verité qu'il ny a aucun art tant entre les liberaux, que entre les mechaniques lequel abonde plus en imposteurs que celuy cy, toutesfois il est digne de grande admiration pour les beaux secrets qu'il contient, outre qu'il merite d'estre preferé à tous autres arts, & sciences terrestres par les Medecins, lesquels esclaires par l'esprit de la sapience diuine, se contentent d'vn viure & entretien honneste, & sortable à leur condition (car il est impossible qu'vn indigent sans liberalité puisse philosopher) aussi sont ceux-la lesquels à l'exemple de Salomon prient Dieu non pour auoir des richesses, ains pour auoir la sapience afin que le cabinet de la diuinité leur soit ouuert, moissonãt leur beatitude & felicité au Ciel, pour l'amour de celuy qui est le vray distributeur des eternelles richesses. Ce sont ceux-là encore lesquels sont esmeus & poussez à l'amour des secrets de la nature selon la grace & volonté diuine : & qui par le desir d'acquerir la science, desnuez de la vaine affection du lucre, ne refusent aucun trauail manuel pour l'amour de Dieu, pourueu qu'il soit honneste, & possible sans auoir esgard à la diuturnité : Enfin ils ne desirent que se seruir de ces dons sans malice, ains auec toute humilité & crainte de Dieu, & pour la fin deüe au maistre de la nature, sçauoir à l'hõneur & loüange du treshaut, & au proffit & vtilité, tant de soy que de son prochain, sans aucun vent de superbe, d'autant que pour l'ordinaire elle ne faict qu'attirer l'enuie de tous les hommes à son possesseur.

La constance est le cœur de la Sapiẽce.

Ceux qui portent les thresors en public, & vsent d'iceux, ils desirent de les destruire, Hiob. 22. sect. 25.

ſeſſeur : ces enfans de la Doctrine dorée, (l'or deſquels n'eſt autre que Dieu tout-puiſſant) doiuent poſtpoſer toutes les autres richeſſes à ce bien, veu qu'il ny a rien au monde qui merite mieux d'eſtre recherché que la ſanté des hommes ; ie diray neantmoins en paſſant qu'ils ne ſe doiuent point meſler de la Prouince Metallique, d'autant qu'elle n'appartient qu'à ces impies fameliques, leſquels pouſſez d'vn inſatiable deſir de deuenir riches paſſent les iours & nuicts entieres à tort & à trauers, ſans auoir eſgard au peril de leur corps & de leur ame : ceux-là ne ſont pas Philoſophes, car il ne faut pas qu'vn Philoſophe ſoit ambitieux d'autre choſe que de la ſapience des choſes diuines : c'eſt pourquoy iamais le vray Philoſophe na faict cas des richeſſes, ains s'eſt contenté de prendre ſon plaiſir à la recherche des myſteres de la nature, leſquels deſcouuers il les eſtime plus qu'vn Royaume, voire plus que tout le monde ; & croit de poſſeder legitimement en Dieu toutes choſes, & comme Seigneur du monde commander (ſous la crainte de Dieu) à toutes les creatures : quant à ceſte ſcience, & don de la diuinité, il ne ſe peut pas acquerir par ire ny par force, ains par vne inſpiration diuine, ou par vne oculaire demonſtration d'vn maiſtre autant ſage qu'expert : il ny a aucun vray Philoſophe lequel ne confeſſe que la choſe ſe paſſe comme ie dis. Ie deſire neantmoins que tous tant qui ſont qui auec vn iugement dompté & aſſeuré cherchent ceſte cognoiſſance par les moyens requis & licites ayent les aſtres ſi fauorables que par la porte du

Ciel ils puissent entrer dans le Sanctuaire d'Apollon grimpant la montagne chymique conduits sous l'asseurance de quelqu'vn des enfans de ceste science. Car qui sera celuy ie vous prie qui prestera la main à vn autre, si auparauant il ne la recogneu de bon esprit, de bonne vie, craignant Dieu, & doüé d'vne foy Harpocratique & inuiolable? Il est necessaire que celuy qui desire exercer cet art ne se rende iamais seruiteur pecuniaire des autres, ains faut qu'il soit seul & sans compagnon d'autant que l'abondance des amis en ce faict n'apporte que du dommage. Car l'inhabilité chagrineuse d'vn compagnon, sa parole arrogante, son opiniastre incredulité, son enuieuse & detestable infidelité, & son indignité Epicurienne, d'estournent & empeschent l'effect de toutes les operations. Toute la venerable antiquité est d'accord, & asseure que despuis le premier iusques au dernier des hommes ne s'en est peu treuuer encor vn qui aye eu l'inuention de cet art tout diuin de son propre iugement naturel, ou par sa propre raison naturelle, ny mesmes par experience. Car puis qu'il surpasse la raison humaine, ainsi que tesmoignent les Autheurs, & ceux lesquels par leurs continuelles veilles & trauaux ont consommé leur aage à la continuelle lecture & recherche d'iceluy, il faut necessairement que l'intelligence vienne d'vn esprit plus qu'humain. C'est doncques de Dieu lequel par son infinie misericorde, & bonté incomprehensible à voulu obliger les hommes de ce don, afin que iamais ils ne s'oubliassent de luy rendre action de graces,

Mais où se treuue-il cet oyseau d'Ægypte? & nous loüerons ce Phœnix.

Voy Paracel. en ses fragments de Medecine, qui doiuent estre rapportez au quatriesme tome, fol. 311.

L'entrée n'est donnée à aucun, si ce n'est par reuelation Diuine, ou par la voix viuante, ou doctrine demonstratiue.

Il n'y a aucune perfectiõ des choses que par l'ayde de Dieu, ou demonstratiõ du Ciel. Siracid. cap. 38.

graces:toutesfois ça esté ceux lesquels conduits d'vn celeste esprit, se sont volontairement soubsmis au ioug de sa volonté, trop contents de pouuoir entendre sa bonté toute puissante, qui l'ayment d'vn cœur purement net, qui le glorifient en toutes ses œuures, le seruant en saincteté, & iustice exempts de l'impureté du vice; qui recognoissent combien la dextre diuine à faict pour les hommes de bonne volonté: & finalement par ce moyen enflammez d'vn feruent amour de pieté & de grace ils treuuent celuy qui est infini en sa misericorde le tres-sainct & sacré nom duquel soit beny à tout iamais.

Ces choses bien pesées & considerées lon cessera de s'estonner pourquoy est-ce que entre tant de miliers, les portes de la nature fermées au verroüil de la diuinité, n'ont pas quasi esté ouuertes à vn seul: la raison est, parce que celuy qui fouille iusques dans le cœur & aux reins des hommes eslargit ses faueurs à qui luy plaict. Car cet œuure ne depend pas du pouuoir de celuy qui le veut, ains du vouloir de la misericorde de Dieu, laquelle a recogneu de toute eternité, que pour le salut de hommes il n'estoit pas expedient qu'ils eussent ramassez en vn tas les honneurs, la santé, & les richesses; & combien qu'il arriue quelquesfois par hazard que la clef touche à quelque iardin Philosophique (comme i'ay veu à quelques vns) toutesfois à cause que la porte est fermée au verroüil, c'est à dire la grace & misericorde diuine leur est desniée, ils ne peuuent aucunement ouurir, ny par consequent entrer, pour cueillir des tant desirez ar-

La vraye & vnique voye aux secrets, est celle-cy, c'est à sçauoir (selō les preceptes du Sauueur) que nous ayōs recours à Dieu autheur de tout bien.

bres Hermetiques, afin d'auoir l'entiere possessiō des doux noyaux de ces mysteres tant admirables : ainsi quelques imposteurs de nostre siecle ayans le vray leuain Philosophique (preparé neantmoins par d'autres) à cause qu'ils l'auoient acquis par des moyens illicites, & qu'ils ignoroient le principe, n'ont passé plus outre en leur multiplication ; car cet folie de croire que ceste si saincte science introduise tels Thrasons dans ses cabinets. Cela est cet ouurage caché sous le vestement d'vne vierge Philosophique, que le frere n'a voulu enseigner à son frere. C'est pourquoy lon perd son temps de penser l'auoir d'vn Philosophe qui l'aura acquis, ny pour seruices ny pour bien-vueillance, ny par quelle autre sorte d'offices que ce soit : cest ce secret caché & enseuely dans les plus precieux thresors de l'entendement & de la memoire, sur lequel ont iuré les plus secrets & subtils Philosophes, qui ont laissé la malediction de Dieu & de tous les Philosophes à leur nepueux, rudes & mal instruits en l'art s'ils viennent à le declarer à vn chascun, leur sens voiles d'vne obscure difficulté, n'estant pas raisonnable de donner les pierres precieuses aux pourceaux. Voire pour le tenir plus secret, ils n'ont pas seulement voulu qu'il aye esté mis en escrit, si bien donc qu'il faut croire que ceux-la qui ont ceste cognoissance ne l'ont jamais declarée à personne, si ce n'est à quelques personnes d'esprits, & encore allegoriquement : car ceste faculté à esté concedée aux Philosophes afin que (faicts seigneurs de toutes choses) ils peussent donner les noms

Dieu veut que la science soit manifestée à tous, afin d'euiter scandale.

tions à leur volonté, & vestir leurs enfans selon leurs fantasie & iaçoit que les vrais Philosophes tendās à mesme fin, & cultiuans reciproquemēt vn mesme chāp ont tousiours prins garde, cōme il a esté descouuert par la diuine bonté à des grands esprits, comme à trauers vne glace : toutesfois ils l'ont attribué à Dieu afin qu'il l'inspirat selon son bon plaisir, & le desniat à ceux qu'il voudroit : Tous ces Philosophes ensemble asseurent neantmoins & iurent sainement (apres auoir toutes les particularitez destituez cependant de la vertu naturelle de teincture, s'ils ne la sortent de la premiere fontaine) que iamais personne n'a peu atteindre la fin desirée auant qu'auoir conioinct en vn corps le sang ou graisse du Soleil, & la rosée de la Lune, par le moyen de la rouë circulaire des elements mise en forme Hexagone par le benefice de l'art & de la nature, ce qui n'arriuera iamais, si ce n'est de la pure volonté de Dieu, lequel seul peut conceder ce singulier don du Sainct Esprit, ce prix inestimable par son infinie misericorde à quiconque luy plaict : si bien que celuy auquel Dieu ne veut despartir ses thresors trauaille en vain & iamais ne r'apportera rien du ieu que de niaiseries. Car l'esprit procede de la grace, & inspire à qui luy plaict : puis donc que tout l'effort des hommes est vain, si Dieu ne l'aduance (si ce n'est que par mocquerie de ceste verité indubitable, lon vueille nier à Dieu la moderation de toutes choses, s'opposant d'vne audacieuse volonté, & temerité Gigantine au vouloir de son Createur, ne se souciant aucunement de l'indignation de Dieu,

Cela ne se croit point, ains experimenté auec beaucoup d'ennuis & trauaux, se preuue par les experiences qu'on en fait.

Le but de l'affaire est que l'or animé par le sel de nature soit faict le principal subiect de la Medecine metallique des Philosophes.

Lys la Genese chap. 1. sect. 27. & 28. en la table d'Hermes, Lys Morienes, Alanus, Rodargyrus, la monade. Treuisanus Lulle, au Leuit. ch. 26. sect. 20.

Les grands personnages font les grãdes fautes.

Pseaume 25. sect. 14. Sir. 43. sect. 37. Prouerb. 3. sect. 32. Sapien. 1. sect. 4.

à la verité ne me puis aſſes eſmerueiller que pluſieurs grands de noſtre ſiecle conſomment leur temps & leur argent aux promeſſes de quelques meſchants impoſteurs, leſquels pour l'ordinaire courent le pays pour attraper la ſimple credulité des perſonnes de bonne foy. Quoy deuroit on pas penſer qu'il eſt impoſſible de pouuoir acquerir aucune perfection de ces myſteres ſans les arts liberaux? & ſouuent tels affronteurs & Philoſophiſtes n'ont pas ſeulement gouſté la moindre goutellete des fontaines de la nature, ſe contentans par leur phantaſtiques & phrenetiques inuentions accompagnées d'vne mer de parolles, par leſquelles ils enrichiſſent les oreilles de ces perſonnes trop credules à leurs diſcours; & afin que ceux-la qui n'ont guiere d'argent leur remettent la petite gibeciére en main, ils leur promettent monts & merueilles, & ne font que mentir, ſans tenir autres choſe à ces pauures credules, que de nouuelles & plus ſubtiles inuentions apres les auoir trompez trois & quatre fois: que ſi lon me croyoit lon aymeroit autant la compagnie de telles gens que la peine des enfers. Mais le pis eſt que ces maudictes ames (incapables de ceſte diuine ſcience) par leurs frauduleuſes & malicieuſes dealbations, rubefactions, & incruſtations ont preſque trompé tout le monde; & par ainſi ſe ioüant de la fable de Pandore, il ne leur eſt arriué autre choſe que ce que Alphidius auoit predict, car ayant conſommé leur cerueau par le moyen de la circulation ils ont trouué la couleur pour teincture, pour la pierre hermetique des caillous ou du

Ces ſophiſtications ne tendent à autre fin qu'au lucre, auſſi la fin de tels vẽdeurs de fumée, n'eſt que le feu ou la cendre.

ou du verre, enfin pour tout leur thresor les cendres & du charbon : or donc qui n'admirera la belle transmutation de ces imposteurs ? lesquels changent les sages en fous, les robustes en infirmes, les riches en pauures, & les pauures en desesperez & fugitifs, les contraignant à la fin de caimander leur propre vie : car ne plus ne moins que l'enuie des Philosophes ne s'estend pas enuers les enfans de l'art & science, s'estudians non pas pour leur propre gloire, ains pour la gloire de Dieu, & menant vne vie laquelle ne presche autre chose que l'honneur & loüange du Ciel la commodité du prochain & le salut de leur ame : de mesme le Philosophe consommé gardien des secrets de la diuine maiesté, rendu digne d'vn tel ouurage apres qu'il a trauaillé vne vingtaine d'années auec vn succes autant heureux que proffitable, craignant de commettre vn crime de lese Maiesté enuers Dieu, aura moins de crainte des tourments tant cruels soient-ils, que de commettre ce grand & tres-ample thresor terrestre, benefice de Dieu procedant du pere de lumiere, du Roy des Roys, Seigneur des Seigneurs, horrible & terrible vengeur des iniustices, entre les mains des meschants ennemis iurez des enfans de l'art ; & vrayment il a raison de le bien conseruer, despuis qu'il a esté donné à luy seul en garde, car il est dangereux que le mettant entre les mains de telles gens il ne s'en seruent malicieusement au dommage & desaduantage de tout le monde, car cela estant, il est asseuré qu'il merite d'estre puny par la saincte Trinité, & par celuy qui ayant esté nostre Sauueur

La pieté est la clef qui dône l'entrée à tous les secrets.

Voy les vers de Rodargirius au zodiaque des poissons contre les sacrileges soldats qui veulent entrer dans le Sanctuaire de la Philosophie par force : Ne manifeste ce secret à aucun homme charnel : car autrement tu seras maudict de Dieu pour la manifestation d'iceluy : Lulle. Celuy qui publie cet art, mourra de malle mort, parce qu'il n'appartient qu'à Dieu seul de donner & reueler les secrets : car c'est luy qui a creé la nature & non autre ; aussi ses reuele-il à qui luy

ueur doit eſtre iuge des viuants & des morts, outre ce il n'ignore point que s'il ne rend bon compte du depoſt & talent qu'il luy à eſté donné entre les mains, il ioüe ſont ſalut & met ſon ame en eternelle damnation. Car il faut paroiſtre deuant ce tribunal eſpouuantable de la diuine maieſté : non non il n'y a point d'exception, ceſt hors d'eſperance de pouuoir eſquiuer les yeux de celuy qui voit tout, il faut entendre ceſte terrible & tres-iuſte ſentence definitiue, laquelle ayant abyſmé les mauuais, guerdonnera les bons ſelon le bien qu'ils auront faict: ô Dieu ce ſera en ce iour de terreur lors que vous arreſterez leſſieu de l'vn & de l'autre pole, que vous briderez le mouuement des elemens, ce ſera en ce iour que toutes choſes tumberont peſle & meſle, & que la chaleur du centre conioincte auec celle du Soleil, conſommera toutes les corruptions elementaires où toute ſorte de malheurs & imputetez ſeront iettez dans les abyſmes auec les damnez, là où ils bruſleront eternellement ſans ſe conſommer, à la façon d'vn ſoulphre inextinguible, ou d'vn verre lequel ne ſe peut conſommer : comme au contraire ce qui eſt purement vray, ne craindra point le feu du Ciel, ains demeurera comme vne pure eſſence incorruptible & fixe en la terre laquelle alors ſera toute tranſparente & cryſtalline, & à l'imitation d'vne Aigle, ou de la fumée excitée par le feu s'eſleuera en haut, prenant ſon eternel repos auec les bien-heureux : car quand Dieu par pure volonté renouuellera toutes choſes, les rendant cryſtallines, alors les mouuements de la

plaiſt & non à autre, parce que c'eſt le dō de Dieu, & nō pas d'aucun mortel. Iob. 34 ſect. 11. Prou. 24. ſect. 12. Apoc. 2. ſect. 23. chap. 22. ſect. 12. Pſa. 3. ſect 10. Ierem. 17. ſect. 10. chap. 32. ſect. 19. Ezech. 33. ſect. 20.

La conſommation du ſiecle par tout Apoc. 20. ſect. 15.

La mer ſemblable au verre parſemée de feu.

La proprieté du feu eſt de ſeparer l'impureté des elements.

la nature celeste s'arresteroit en eux sãs aucune corruption. Aux Romains 8.sect.19.iusques à la sect.23. Lys Isacus Holandus *in opere minerali*. A la mienne volonté que les grands de nostre siecle enrichis de l'or, & argent de leurs subjects, eslargissent vn peu de leurs moyens aux pieux, doctes & experimentez en la Chymie, ou pour le moins qu'ils distribuassent les trois familles de la nature sçauoir des animaux, vegetans, & mineraux, à chascun de ceux qui verront estre propres pour icelles en particulier, à fin que par icelles, ausquelles la medecine vniuerselle est fondée, les mysteres medicaux fussent reduicts en leurs trois principes par le moyen du feu. Le conclaue philosophique de quel Prince que ce fust, remply d'vn si precieux thresor, disputeroit auec les richesses du Pactole: car à la façon de l'Aimant il paistroit, & prouoqueroit les yeux des spectateurs, à la contemplation des richesses descouuertes, & tirées des secrets de la Nature. Mais (ie vous prie) quel contentement auroyent les yeux voyans vne si rare beauté? quelle eleuation ne feroit nostre esprit à Dieu, voyant là vne si grande abondance des vegetans correspondans à l'Anatomie harmonique de nostre corps; despoüillez de leur escorce, & rendus en leur principe; en ce lieu icy des animaux, & en autre part des metaux, & mineraux, sçauoir, Diane Triune, & nue diuersifiée en vne infinité de formes, & couleurs, triple neantmoins en chaque classe, sçauoir, en la Mercuriale tres-claire, en la soulphreuse, colorée, & oleagineuse; & en la saline

La beauté corporelle, ou incorporelle n'est autre chose que la splendeur, ou lumiere du visage de Dieu mis aux choses creées, reluisant & resplendissant par le moyẽ des beaux corps, estonnant tous les amants, ne plus ne moins que l'image de Dieu: car autant que la chose a en soy de lumiere, autant a elle de diuinité.

tres-blanche, & resplendissante, laquelle autrement a coustume de se vestir au salle regard des mortels, & ne veut se mettre en la compagnie des hommes que couuerte : ouurage à la verité digne d'vn grand Roy, ou Prince. François premier, Roy de France, grand amateur des Philosophes, & gens de lettre, s'estoit bien proposé d'en auoir vn de ces trois, s'il ne fust esté preuenu par la mort, voulant par le moyen de ce talent plaitre à Dieu, en faisant bien aux pauures indigens. N'est-ce pas vn office d'humanité, & liberalité, voire d'vn vray aumosnier, en ce grand hospital de pieté ? œuure digne d'eternelle memoire ; & par cette voye, ceux qui marchent en la crainte de Dieu, & amour du prochain, sans aucun doute le pere de lumiere (duquel seul il faut impetrer les dons apres l'amendement de vie, comme estant la cause principale efficiente, & finale de toutes les creatures, & operations) remplira leur loüable propos de plus grands, & inesperez benefices, veu qu'il se plait à faire la volonté de ceux qui le craignent. Et de faict, ce seul chemin peut estre appellé Royal, parce que non seulement il nous meine aux desirez secrets de la Nature ; ains encor, qui plus est, au fabricateur de tout cet vniuers, seul & vnique Ocean de toute bonté, par lequel ayant compris (moyennant la regeneration.) ce grand sabbat des sabbats, c'est à dire, grand Iubilé eternel, pour l'amour duquel nous auons esté creez : moyennant la grace diuine, nous auons attaint le but que nous visons, la ioüissance duquel nous sera vn

Les secrets sont reuelez par la lumiere de Dieu, & par la mesme lumiere ce qui est caché se demonstre.

Car sans luy on ne peut paruenir à la fin d'aucun bien, ny d'aucune perfection Pseau. 145. sect. 19. Prou. 10. sect. 24.

La confiance en Dieu ne destourne personne de bien faire.

Celuy qui cognoit l'vnité, cognoit aussi la totallité.

Celuy qui aprend beaucoup, n'aprend rien, Sir. chap. 34. sect. 12. 13. 14.

La beatitude consiste en l'apprehension du souuerain bien.

vn iour autant agreable, que le repos de sa maison au voyageur qui a enduré la fatigue des cailloux, des chaleurs immoderées, des chemins rabouteux, des marescages glacez, par la rigueur du froid, & autres semblables incommoditez: car celuy qui n'a gousté le fiel, ne peut pas cognoistre la douceur du miel. Sans la Croix, & la mort: on ne sçauroit faire retour au bien perdu. Seroit-il raisonnable, que l'homme mortel eust la iouïssance de la beatitude eternelle, sans auoir experimenté le trauail du chemin? Non, non, il faut sentir la chaleur du feu de tentation, & tribulation, auec l'amertume de la mort; parce que la coronne n'est deuë qu'à celuy qui aura esté victorieux, d'ailleurs la vie eternelle merite bien d'autres plus aspres combats, que ceux-là.

Dieu est le repos immuable auquel toutes les Creatures aspirent de tout leur cœur.

Mais à fin que ie retourne à cette supreme medecine, combien que la fortune aye esté contraire à mon honneste sincerité, & verité, m'ayant conduict iusques au plus secret cabinet de ce Sanctuaire philosophique, (non pas que mon estude fust porté de l'ambition de faire d'argent, car ceux qui se contentent du peu sont assés riches, ains d'acquerir la vraye medecine par vn iuste desir des œuures admirables de Dieu) ie ne sçay par quel sinistre euenement, ou malheureuse predestination il est arriué, que lors que ie m'addonnois plus courageusement à la recherche de ces secrets, l'enuie des meschans, & les reuers de fortune m'estoyent plus infaustes que iamais: ie croy que la necessité du droict requiert (puisque ie ne

Leuit. chap. 25. sect. 23.
Tob. 12. sect. 15.
Sir. 2. sect. 5.
Sap. 3. sect. 6.
Prou. 17. sect. 3.

On ne peut paruenir à la victoire de patience sans cõbattre.

ne puis passer plus outre) que ie me console du seul souuenir de telle chose, sçauoir, qu'est-ce que Dieu a cogneu, auquel il l'a cogneu, en quel temps, & combien il a cogneu; que son nom soit glorifié & benit à tout iamais. Helas! ie croy qu'il m'a destourné de ce secret philosophique, cognoissant que peut-estre à la fin il m'eust esté dommageable; aussi ie ne pense pas que personne puisse desirer la miserable vie de ceux, ausquels la felicité a quitté la place au malheur, & qui n'ont rapporté que du dommage de là où ils attendoyent quelque profit & contentement, & qui logez au plus haut degré de la fortune, lors qu'il sembloit que le sort ne leur pouuoit estre plus propice, estoyent neantmoins contraints d'appeller la fortune à leur secours, à cause des pieges qui leur auoyent esté dressez; ou bien que pendant le courroux de Dieu ils auoyent faict acquisition de ce qui leur fust esté desnié en estat de grace. Toutesfois puis qu'il faut que les œuures de Dieu soyent chantées, & celebrées, & à fin que nos neueux voyent par ces escrits, que ce bien n'a pas esté denié aux hommes de nostre siecle, ie ne puis neantmoins que ie ne me souuienne du benefice que la diuine clemence me conceda en mes peregrinations, en la personne d'vn certain Heliocantharus du costé du Septentrion, où estonné long temps du miracle de nature, arriué par le moyen de l'art, entre beaucoup & diuerses metamorphoses de l'Astronomie inferieure, (chemin humide aux anciens, non toutesfois rendu encore à sa perfection) faictes (comme i'ay desia dict) en vn

Num. chap. 11. sect. 33.
Ps. 78. sect. 31.
Ps. 104. 105.
Tob. 12. sect. 7.

en vn *lieu fort froid* ; là il m'arriua vn prodige le plus admirable qui se puisse dire, voire ie passeray outre, car il surpassoit toute admiration: c'est qu'ayant exhibé vne seule goutte de cette liqueur, à laquelle par vn admirable artifice toutes les vertus tant des corps celestes, que terrestres, estoyent inuisiblement ramassées comme en vn grenier, voire à laquelle tout le monde estoit astralement concentré, à vn homme abandonné de tout le monde, prest à rendre le dernier souffle: Cette goutte (dis-ie) par sa nature igneale, astrale, & celeste, inuisible, inflerant vn rayon de vie au cœur, renouuellant les organes de la vie, & reparant la nature ia assoupie par les accidens qui causent la maladie ; il fut en vne nuict remis en sa ferme & entiere santé: car cette Royale medecine fait incontinent remettre les corps, de quelle maladie desesperée que ce soit, auec l'aide de Dieu toutesfois: car il y a des maladies données de Dieu en punition de nos fautes, ausquelles il ne faut chercher aucun remede naturel, car tout ce nouueau monde regeneré, fait renouueller par sa vertu regeneratrice l'ancien, & corruptible, c'est à dire, l'homme, restaurant tout ce qui est corrompu au corps, consumant le superflu, reparant les defauts, reduisant en fin, & conseruant tout le microcosme en son vray temperament iusques au dernier terme, qui à esté prescrit aux hommes, à cause de leurs pechez.

Le Basilic philosophique à la façon de la foudre brusle tout incontinent quel metal que ce soit, & produit incontinent vne autre forme: C'est dóc auec raison que la recherche d'iceluy deuroit estre recómandée à tous ceux qui estudient en la Philosophie Chymique.

Contre la mort n'y a point d'autre Medecin que Iesus-Christ.

Par le mesme esprit du monde, par la mesme chaleur du Soleil, & de la Lune, auec laquelle le corps humain est garanty de toute sorte d'infirmitez, les metaux imparfaicts & impurs sont remis en leur vraye santé, c'est à dire, en or, sans aucun nouueau mouuement de generation, & corruption, ains seulement par la seule maniere de l'alteration, & des accidens qui causent leur maladie; la raison est, que les metaux ne sont pas differens en espece, mais en accidens.

Nos vulgaires Medecins ignorans ces metamorphoses Vulcanes, & cette vertu diuine conioincte à la nature, admirateurs de la Medecine Ethnique, pour excuser leur ignorance, tiennent les axiomes des hommes prudens comme fables, & les tournent en risée; toutesfois il ne s'en faut pas estonner, car le plus subtil des esprits (quoy qu'il ne soit offusqué d'aucun des preceptes, & traditions des sots) ne le pourra comprendre, si cela se fait pour l'incertitude ia proclamée de si grands mysteres. Il semblera vn secret incroyable, lequel à bon droict ne doit estre monstré aux ignorans; & quoy qu'il n'y aye rien de plus vray, ils ne sçauront que dire, parce qu'ils n'ont iamais entendu parler de la chaleur du Soleil, ny de la Lune, moins encore que par le benefice de la magie mechanique l'element de la terre puisse nager dessus les eaux: aussi cela n'appartient qu'aux Philosophes, & Medecins, ausquels il est necessaire, car il ne s'en treuue pas vn seul, lequel sans cette science puisse arriuer à la cognoissance, ou operation d'aucun admirable effect, voire qui puisse estre certain de son art, principalement en la cure des infirmitez desesperées de nostre corps, sçauoir, aux quatre Monarques des maladies, que sont l'Epi

Cette douteuse incredulité (parce que peu de gens croyent à la verité de cet art, plustost pour leur lucre que pour leur dómage:) toutesfois, puisque on l'a accordé à nos majeurs, ils faut necessairement qu'ils l'accordét aux autres par la mesme raison: car Dieu regarde ceux qui philosophent vrayement, & les mene en seureté.

Exod. 32. sect. 10.

Iob 14. sect. 19.

Ce n'est pas vn acte de Chrestié, d'attribuer plus grande puissance au Diable qu'à l'inc-

l'Epilepsie, la Podagre, l'Hydropisie, & la Lepre. Paracelse enseigné du ciel, & non du demon, a fort bien guery ces quatre genres de maladies, ausquelles il ne s'est point seruy de nos vulgaires medecines purgatiues, ains de quelques restauratiues, & regeneratiues, ausqueiles la nature estant renouuellée elle expulse par apres toutes les impuretez nuisibles de sa propre volonté, comme il se void à son epitaphe de Salisbourg. Disons donc, Toutes les infirmitez prouenantes de la corruption des humeurs, pour grandes & graues qu'elles soyent, voire iusques à desesperation, sont gueries par cette medecine vniuerselle, pourueu que le malade ne soit arriué au terme prescrit du Tout-puissant, outre lequel il n'y a point de vie; ou bien que la maladie ne soit enuoyée de Dieu pour punition, & expiation de nos fautes. Mais comme i'ay desia dict cy dessus, personne ne peut vsurper ce particulier & celeste don, que celuy auquel gratuitement Dieu l'a voulu conceder: car quand il luy plait il illumine l'obscurité de ses mysteres, & au contraire, quand il veut, il en offusque la clarté; si bien que iamais personne ne les entend clairement, si au prealable il n'a esté esclairé du grand Soleil incomprehensible, lequel peut faire, s'il veut, vn clair iour de la nuict, & rendre claires les choses plus obscures: donc il faut que cette grace là vienne par vne particuliere grace de Dieu. C'est pourquoy Lulle, ce diuin & parfaict Philosophe, conclud à bon droict, qu'il faut qu'il y aye vne concordance sans aucune contrarieté auec l'artisan &

nité de la Sapience diuine & de la Toutepuissance.

Le vray but & fondement principal des Medecins, est parce que la premiere natiuité n'est pas proffitable, ains la seconde seulement.

Dieu, qui est la cause premiere, à fin que le premier moteur excite comme cause principale l'intelligence, & que par ce moyen le chef-d'œuure caché de cet art luy soit descouuert. Celuy auquel Dieu voudra conceder les dons de sa grace, sera bien-heureux, car il est le Seigneur du ciel, qui n'ignore point le cœur des hommes, & sçait fort bien en quelle maniere & façon nous en voudrions vser ; & cependant nous voyons que souuent les hommes sont tellement mescognoissans, qu'au lieu de rendre action de graces, ayant attaint cette Philosophie, ils payent Dieu d'ingratitude, & le prochain qui n'en peut mais, de pure affronterie. Il est arriué de nostre siecle que deux grands Philosophes de diuerse nation, contre les execrations de la Philosophie, abusant des dons de Dieu, (quoy que chacun soit fabricateur de sa fortune selon la dexterité de son esprit, causée par l'esprit syderique) ils attirerent dessus leurs testes l'ire celeste en telle façon, que par vn iuste iugement de Dieu, au grand deshonneur de leur reputation, & contre la proclamation du vray art philosophique, ils perdirent tout leur sçauoir, & bridés, en cette façon ils perirent miserablement, tant pour leur arrogante superbe, & loquacité, lesquelles pour l'ordinaire trainent leur penitence en queuë, que pour leurs fraudes, impostures, & fraction du silence Harpocratique, en faict de ce qui leur auoit esté donné pour secret. Les plus anciens Philosophes nez sous vn meilleur astre; enfans de l'inuenteur de la science Hermetique, chez lesquels il n'y a rien

L'origine du magistere philosophique.

Ceux là qui se glorifient de la perfectiõ d'autruy, quoy qu'imaginaire font autremẽt, & par ainsi persuadez par leur propre croyance, ils s'empeschent eux mesme de passer outre.

Au premier siecle Dieu a manifesté par la lumiere naturelle.

a rien de plus antique que la verité, ny de plus odieux que la fausseté, & deception, en la presence desquels les ignorans, & affronteurs ont eu meilleur compte de se desdire, que de soustenir les promesses qu'ils font pour l'ordinaire au commun peuple; qui ont tasché d'eterniser leur immaculée memoire, non pas qu'ils ayent voulu deceuoir les autres, comme quelques trop credules ont estimé: & de faict, cela n'entra iamais en l'ame d'vn homme d'honneur: ceux-là en fin, qui secretaires occultes de la Nature, florissans en la lumiere naturelle qui leur a esté diuinement concedée, ayant tousiours eu la raison pour guide: tous ceux-là (dis-ie) lesquels tendans de toutes leurs forces à la vertu, ont estimé qu'il n'y auoit rien de plus honorable, que de se tenir ioyeux auec vn tranquille silence, selon la crainte de Dieu, & amour du prochain. Celle-là est la Philosophie acquise, expliquée par Paracelse en la teinture physique, la vie longue, saine, & sans infirmité iusques à la mort naturelle, & la sustentation de cette longue vie en cette vallée de misere, à fin que sans indigence nous puissions seruir Dieu sans dommage du prochain. Mais quoy que plusieurs ayent auidement recherché cette felicité, toutesfois ils ont creu ne la pouuoir iamais acquerir par autre moyen, ny art, que par vne admirable, & occulte complexion de toutes les vertus des creatures ramassées comme en vn tas, en vn seul subiect, parce que c'est le vray chemin Royal, par lequel on peut atteindre cet art philosophique, toutes ses vertus spirituelles, ou qualitez actiues concentrées, & cumulées en vne masse par le benefice de l'art, accompagne d'vn esprit autant clair que subtil, outre vne tres-douce & admirable illustration d'entendement: car la lumiere de la Nature resplendit au milieu des plus obscures tenebres. Ils ont coustume de communement appeller cette maste leur poudre, ou pierre; ce n'est encore tout, car ils ont encore acquis comme miraculeusement, & par le benefice admirable, & legitime vsage de magistere, la science de toutes choses naturelles, accompagnée des celestes secrets, voire selon l'abondance & affluence de toutes choses, ils se sont encore enrichis du thresor de santé. Nos predecesseurs Philosophes, nourris dans l'escole du grand Hermes, accoustumez au silence Harpocratique, principalement en faict du secret de cet art philosophique, (asseurez du peril, auquel se mettent les Zelateurs des arts difficilies, ou Secretaires publics de la nature, car incertains de leur repos ou salut sont cótraincts de se rendre comme vagabonds parmy le monde) toutesfois ils ont accoustumé d'apporter ceste raison dans leurs escrits, sçauoir que ceste supresme Medecine preparée auec artifice par la cooperation de la nature maistresse des sciences, est la vie, & la lumiere viuifiant nostre baume naturel, c'est à dire l'esprit de la vie, ou vapeur celeste & inuisible, l'essence de nostre vie: la qu'intessence composée des quatre elements; en laquelle tous les elements sont attachez auec la chaisne dorée sans aucune contradiction, actuellement selon la puissance de la nature, auec tous leurs actes,

L'industrie de l'art est necessaire pour suppleer au deffaut de la nature, parce que la nature tend tousiours à sa perfection. Prou. 3. sect. 16.

A peine d'excommunicatió ils n'ont pas osé parler qu'en peincture ou en parolles enigmatiques, parce que le maistre de la Nature leur en auoit osté le pouuoir, de peur qu'ils ne se prouocassét le danger eux mesmes, & donnassent l'entrée au malefice aux autres, Prou. 10. sect. 14.

actes,concordance, & vraye equation,toutesfois ces choses sont aggregées en vne fort subtile matiere,& forme,& respectiuement fort proche de la simplicité,comme nous voyons à la foudre & aux yeux du basilic, comme il appert par experience en la cure des maladies & transmutation des metaux. Cette chose est de mesme eu esgard aux quatre qualitez,que l'incorruptibilité du Ciel : quant aux quatre elements, le tres-haut a creé cette quint'essécc,racine de vie,en la nature pour la conseruation des quatre qualitez du corps humain, de mesme que le Ciel pour la conseruation de tout l'vniuers : le feu celeste qui ne brusle point est l'ame & la vie de toutes les creatures, & le subiect auquel (outre toutes les forces & operations des elements du firmament, les vertus celestes tant des Estoilles fixes que des planettes, sont inuisiblement infuses & exprimées; parce que l'influence de tous les corps celestes, lesquels sont particulierement cómuniquez à vn chascun des corps terrestres) est en ce lieu icy concentrée en ce seul feu Theatre de tous les secrets de la lumiere naturelle,miroir des mysteres diuins,miracle de toute la nature vniuerselle:la quint'essence de cette vaste machine : tout le monde regeneré,auquel tout le thresor de la nature est caché; subiect & instrument de toutes les vertus tant naturelles que surnaturelles : fils du Soleil & de la Lune, lequel à acquis toutes les vertus superieures & inferieures par son ascendant en la terre : habitation de toutes les formes mettalliques, minecalles,& vegetables, sublunaires : voyre le vray

Elle excite le mouuement aux corps & viuifie les elements.

Les eleméts sont viuifiez, lors qu'ils sôt excitez à leurs actes : car la vie naturelle n'est autre chose que l'acte des elements.

La vie des choses naturelles, est l'vnion ideal de la lumiere auec le Ciel & la terre ideales : Par cet art, la notice presque de toutes choses reluit, & par cette pierre la nature de toutes choses paroist.

La teincture est la quint'essence du microcosme au premier &

esprit de vie penetrant tous les autres esprits, qui n'est point differant de l'esprit de nostre corps, le lien entre le corps & l'ame, auquel se delecte l'esprit supercelesté, & par lequel il est retenu afin qu'il ne sorte de la prison corporelle. Car afin que la paix soit faicte entre ces deux ennemis l'ame & le corps il faut necessairement auoir le baume de vie prins par le dehors, par le moyen duquel l'interne est restauré pour la retention & sustentation du feu de la longue vie, sans lequel aliment il se retire dans le corps, ne plus ne moins que la flamme de la lampe au deffaut de l'huille : la matiere tres-simple engendrée par la puissance diuine de l'esprit du monde pour la restauration & conseruation de l'humaine nature, incogneuë presqu'a tous les Medecins de nostre temps : car elle ne paruient pas iusques à leur escolle, d'autant qu'ils sont entrez au temple d'Apollon comme des larrons, sçauoir par le toict & se sont assis en son siege de la mesme façon que les anciens Scribes & Pharisiens au siege de Moyse : & pendant qu'ils tiennent en captiuité la clef des sciences ils ne s'estudient à autre chose sinon que d'empescher les autres (par leur faux axiomes) d'entrer en l'academie de la nature, les faisant demeurer au milieu de la carriere par leurs pernicieuses persuasions : tellement que par ce moyen ils n'arriuent iamais à la coignoissance de la verité contraints d'ignorer sa demeure : mais parce que, selon la plus saine opinion des Medecins, la vraye source & origine des maladies est l'enormité de la proportion naturelle des trois principes,

tres parfaict estre & approche, le nõbre vnaire des Cabalistes.

Paracelse l'appelle Baulme parfaict, perpetuel, Catholicon des Physiciens, le deffensif de la vieillesse, medicament vniuersel, lequel à la façon du feu inuisible, consõme toutes les maladies.

Les anciens Cõseillers des choses, ont appellé ceste quint'essence la moyenne nature des ames.

cipes, ou (afin que i'vse des communs termes des Medecins) l'immoderation & intemperie des quatre elements, ou des quatre humeurs desquels le corps humain est composé, & par le moyen desquels il est malade & se porte bien: mais ceste susdicte Medecine, laquelle en soy est la matiere de nostre creation, est vniforme & d'vn mesme genre de substance, consistant en esgalité, l'ame tres subtile separée de ses feces semblable à la substance pure & simple des elements, le cinquiesme estre ou la quinte vertu de la plus pure essence des quatre elements, laquelle purifiée, est incorruptible, semblable aux Cieux n'admettant aucun maling esprit à cause de ses vertus expultrices qui les deschassent à l'instant: & parce qu'elle n'est aucunement subiecte à la putrefaction & corruption, elle expulse toute la corruption accidentelle, instaurant la vigueur par tous les membres auec autant de force que la nature en peut fournir, & donne par sa reconciliation, la guerison de toutes les maladies faictes par l'exaltation des trois principes. Car la santé de l'homme ne consiste seulement qu'en l'accord & vnion des trois premieres substances, lesquelles exaltées & enflammées par les astres excitent des grandes guerres intestines, & parce les trois premieres substances des maladies sont volages, elles quitent la place, & cedent au feu essence des maladies qui a le pouuoir de separer le pur de son impureté: d'aduantage cette quinte vertu recollige & met en paix les elements du corps humain ou pour mieux dire les humeurs, les reduisant en leur

L'on a la Medecine pour prolonger la vie, lors que les elements purifiez sont reduits à leur pure & esgale simplicité, parce qu'en ceste façon les elements sont esgaux: car l'inesgalité de l'vn engendre les maladies.

La santé consiste au temperament du corps.

Que personne ne soit estonné de ce que la nature est diuersifiée en plusieurs façons à l'exemple du Soleil qui par vn mesme acte faict fondre la cire & endurcit la boüe, cela ne prouient pas quãt à l'agent: mais seulement quant au patient.

vray temperament lors qu'il y a de l'inegallité, corrobore la chaleur naturelle ou humide radical & substantiel, elle conserue l'huille ou petite chaleur en son esgalité par sa vigueur celeste, (car tant que l humeur radical, baume vital, ou precieux nectar de nostre vie, d'autant que la vertu confortatiue du corps humain, & animal procede de l'esprit de vie, tant dis-je que cet humeur demeure en sa quantité la maladie est insensible) restituant le malade en sa premiere santé & temperament, retient la nature en son estre, & conserue le nectar de nostre vie en vn bon & loüable temperament iusques à la mort (cet à dire au terme que Dieu tout-puissant à donné à l'homme, à cause de sa desobeyssance tant du premier des hommes, que de celle d'vn chascun en particulier) & le tient asseuré contre toute sorte de maladies, auec vn teint frais & gay ressemblant à vne personne en l'aage viril, enfin elle tient l'homme grandement dispos pourueu qu'il en vse conuenablement, apres auoir de bon cœur inuoqué le nom de Dieu, & que la disposition & complexion du corps humain ne soit offencée outre mesure. Doncques en cette quint'essence ou Medecine spirituelle, laquelle est de la nature & chaleur celeste, & non en la nostre mortelle & corruptible, on peut treuuer la vraye fontaine de Medecine, la conseruation de la vie, la restitution de la santé, auec la renouation de la ieunesse ia perduë: & pour parler naturellement en tout le monde l'on ne sçauroit faire rencontre d'vn meilleur Theriaque, ou Medecine balsamique, que de celle-la des Philo

Philosophes, laquelle est la supresme & derniere consolation du corps humain, comme vn vray & salutaire elixir, conseruant toutes les actiuitez de la nature humaine, & restaurant les forces ia diminuées par le deffaut de la nature: car en tout genre il faut qu'il y aye quelque chose qui tienne le haut bout, & premier degré selon son genre, doncques parce que cette Medecine est engendrée d'vne matiere incorruptible & la plus efficace qui soit dessous le Ciel, sçauoir de l'ame ou esprit du monde, contenant toutes les vertus tant celestes que terrestres, elle merite de tenir le premier rang entre les medecines, & l'homme vsant d'icelle auec moderation pourra paruenir à l'aage de nos anciens Peres: des deux fonteines du Soleil & de la Lune comme tesmoigne & monstre fort doctement Suchtenius, sort l'esprit mondain, naturel & vital, changeant tous les estres, & donnant la vie & consistence à tous les hommes, par lequel (comme mediateur) toutes les proprietez occultes, toutes les vertus & vies sont dilatées, tant aux herbes, metaux, pierres, & mineraux, que autres corps inferieurs: si bien qu'il ne se treuue rien icy bas qui n'aye quelque estincelle de cet esprit. Aussi cet esprit celeste est de mesme auec nostre esprit naturel, lors qu'il est dans nostre corps en son estre naturel sans aucune diminution, ou empeschement des choses externes, cette nostre chaleur naturelle est cela par le moyen duquel toute chose est digerée pour la sustentation, & multiplication des indiuidus: d'autant qu'il digere, & change en substance la nourriture, ou aliment

La chaleur naturelle par laquelle toutes choses sõt digerées pour la sustentation & multiplication des indiuidus, est la chaleur du Soleil & de la Lune.

L'esprit est la vie & le baulme de toutes choses naturelles.

La vie de l'homme est le baulme astral ou l'impressiõ balsamique, le feu celeste & inuisible, l'air enclos, teignãt l'esprit du sel.

aliment que l'homme à prins, & engendre le bon sang en tous les membres du corps humain: & tant que le sang demeure pur, l'esprit vital est fort, pur, & sain, & par ce moyen tout le corps demeure & s'entretient en santé, que s'il est empesché par la maladie de faire ses fonctions, il s'ensuit vne mauuaise concoction de l'aliment, & par consequent vne generation de mauuais sang par laquelle l'esprit du cœur est grandement debilité, d'ou s'ensuit la vieillesse maison de l'oubly, & enfin la fin, consomption & dissipation d'esprit qui n'est autre chose que la mort naturelle: mais afin que la consomption & dissipation dudict esprit soit euitée il faut (entant qu'il est possible) augmenter & conforter ledict esprit ou chaleur naturelle par le moyen duquel le corps puisse mieux exercer ses fonctions.

L'esprit du monde, ou l'esprit celeste, & le naturel de nostre corps sont vn mesme esprit: Doncques, la chaleur du Soleil & de la Lune, engendrée par le coup de cet esprit est vne chose plus cuitte, & par consequent plus parfaicte

Mais puisque tout agent qui commence d'agir, n'agit pas en son commencement à vn plus petit que soy, ains à vn qui luy est pareil, & semblable. Aussi cette confortation doit estre faicte par son semblable, sçauoir, par cette chaleur celeste du Soleil, de la Lune; & des autres planettes; ou auec les choses, ausquelles la chaleur du Soleil, & de la Lune est plus abondante, & moins pressée par la matiere: car ces choses agissent plustost, & mieux, & engendrent plus vistement leur semblable; voire ce qui est plus facile par ceux-cy, l'esprit, ou feu celeste en est tiré, les proprietez duquel sont de ne brusler point, comme l'elementaire; rendant toutes choses fecondes; d'estre la lumiere qui donne la la vie à tout. Les proprietez du feu elementaire sont, la chaleur ardente, consommant toutes choses; & l'obscurité, remplissant tout de sterilité.

De ce lieu donques est exclus celuy-cy, & auec luy toutes choses diuerses, ou contraires, comme sont les inferieures elementées: car auec elles, toutes les autres qui contiennent en soy vne naturelle composition, sont subiectes à la corruption, d'autant qu'elles ne sont pas encor separées de l'impureté, dans laquelle elles ont esté plongées. Donques les medicamens conseruatifs, & de longue durée, doiuent estre esloignez de la corruption: car puisque le corps humain doit estre empesché de la corruption, il faut en premier lieu qu'il soit de durée, autrement ils se corrompent plustost que se conseruer. I'adiouste plus, car il seroit grandement vain de penser conseruer le corps auec quelque pourriture, & corruption, guerir l'infirme par l'infirmité mesme, ou former quelque chose par le moyen d'vne autre qui seroit subiecte à la difformité: car tout ce qui est corruptible, infirme, & debile, adiousté auec son semblable, augmente d'aduantage la corruptibilité; comme nous voyons arriuer à plusieurs de ces Medecins, lesquels ne sçauroyent desliurer vn homme de maladie auec leurs medicamens crasses, & impurs, en cecy aussi est requis d'auoir vne plus haute speculation; car puisque les maladies ne sont pas corporelles, ains spirituelles, à raison qu'elles sont cachées aux esprits, elles demandent par consequent des medicamens spirituels.

Vn semblable mis auec son semblable, le faict plus semblable.

Que

Que si l'on veut conseruer cet esprit vital aux ieunes gens, (lequel n'est autre chose que l'humide, & chaleur naturelle, ou radical, ayant son siege au milieu du cœur de l'homme, comme vray soustien de nostre vie) ou le restaurer aux vieux languissans, & les remettre comme en ieunesse, quant aux forces; & par ce moyen ramener la vie de l'homme au feste de la santé: il ne faut pas auoir recours à la chaleur elementaire, ains à cette chaleur celeste du Soleil, & de la Lune, demeurant en vne substance incorruptible (laquelle neantmoins peut estre treuuée en ce globe inferieur) & la rendre semblable à nostre chaleur naturelle, ou esprit naturel; ce qui se fait lors qu'elle est preparée en medecine, ou breuuage tres-suaue, lequel aye le pouuoir de penetrer par tout le corps, si tost qu'il est prins par la bouche, tenant toute la chair incorruptible, nourrissant la vertu & esprit de vie, digerant tout ce qui est crud, coupant tout l'excés des qualitez, faisant abonder l'humide naturel, confortant, enflammant, & augmentant la chaleur naturelle: & celuy-cy est l'office d'vn vray & sage Medecin, car par ce moyen il pourra conseruer nostre corps sans corruption, retarder la vieillesse, retenir la vigueur de ieunesse iusques à la mort, voire (s'il n'estoit le decret) le conseruer en vne eternelle santé. Paracelse appelle l'element du feu, grand secret, parce qu'à la façon du Soleil terrestre, ou firmament inferieur, il est propre pour oster toute sorte de maladies, & rechauffer les membres ia froids: car ce feu-là essentiel opere au corps

L'esprit vital en l'hõme, est de mesme auec l'elementaire.

La chaleur & humidité naturelle du microcosme, sont sustẽtées par la chaleur & humeur du Soleil & de la Lune du macrocosme, ne plus ne moins que nostre esprit celeste & naturel.

Paracel. la teinture mondifie le baulme en telle façõ, que l'enfant ressent l'effect de la santé, iusques à la dixiesme generation.

Les humeurs de la vie nourrissent les esprits vitaux, chez Paracel. au cinquiesme tome de ses fragments, fol. 162.

Cessez donc à l'aduenir de plus calõnier Paracelse, de ce qu'il promettoit de prolonger la vie aux autres, & qu'il n'a pas atteint l'aage destiné pour luy.

corps ne plus ne moins que la flamme,ou ortie hors du corps, duquel aussi l'intention a esté telle, (à fin qu'il soit exempt de calomnie en ce lieu icy) lors qu'il agit des vertus vitales de ce feu parfaict,que le baume naturel fust restauré, la mumie Balsamite confortée, le corps, ou liqueur vitale,l'humeur radical,ou esprit de vie conserué comme incorruptible iusques au dernier souffle sans douleur, ny maladie : ce qu'il a experimenté en soy-mesme, lors que ses ennemis taschoyent par tous moyens de l'empoisonner, (toutesfois ayant esté deceu par le mesme venin, à peine paruint-il au terme naturel de sa vie.) Il y en a beaucoup,lesquels malicieusement veulent dire,que par le moyen de cette medecine il se vouloit rendre immortel en cette miserable vallée, auec quelques autres Philosophes, qui iamais ne penserent en telles réueries, sçachans bien que nous ne sommes en ce monde que comme pelerins, & estrangers. Dieu est le centre de toutes les creatures, duquel tant plus nous nous approchons, tant plus nous sommes heureux, & moins muables ; & tant plus nous nous esloignons de ce centre, c'est à dire, de l'immuable volonté de Dieu,tant plus nous nous approchons de la circonference, varieté,& pluralité des creatures, nous rendans plus malheureux, & imparfaicts : aussi la beatitude est en l'vnité, & non pas en la circonference; en Iesus Christ,& non au monde, nous treuuons la paix & le repos des ames. Donques celuy qui ayant mis en oubly toutes les choses, sensibles, & temporelles, pour amour de la diuine

On cõtrouue plusieurs choses semblables cõtre Paracel.& l'on le reprend malicieusement de chose à laquelle il n'a iamais songé.

Il faut voir Dieu à trauers les murailles de Paradis ou Horizon d'eternité, parce qu'il est le vray lieu des contemplatifs.

Celuy qui demeure au cētre vny auec Dieu, il ressemble à Dieu & aux Anges, car s'il n'en uieillit iamais.

Ils s'esleueront en vain contre Paracelse, si (ayant accoustumé de s'esleuer cōtre les escorces) ils crient que ceste interpretation est contrainćte & tirée de trop loing.

Rom. 6. aux Coloss. 23.

diuine bonté, sera vny auec cet vnique centre, semblera plustost rebrousser chemin à la ieunesse, que de courir au fascheux aage de vieillesse : celle-cy est la vraye longueur de vie de Paracelse, & des Cabalistes, demandée si souuent en ses hymnes, & discours solitaires, tant par vœux, que par saincte esperance ; vie vrayement digne d'vn Enoch. Comme au contraire, celuy qui n'est point vny à cette fontaine d'vnité, ou vnique vnité, faut necessairement qu'il perisse eternellement, & que par la seconde mort soit separé de la lumiere, & de la vie, & abysmé dans les tenebres exterieures d'enfer, où la plus grande peine est la priuation de la veuë de Dieu.

Le mystere du Mariage de la Diuinité auec les hommes. Par l'approche de ce rayō ou vraye pierre celeste, toutes les impuretez sont purifiées & mōdées, & les tenebres de l'ignorance sont deschassées, Siracid. ch. 18. sect. 8. Pseau. 90. Rom. 8.

La vraye & solide Philosophie est de cognoistre Dieu fabricateur de toutes choses, & se mettre en luy par vn certain essentiel attouchement, lequel nous fait & transforme en Dieu mesme. Donques l'habitation des Philosophes parfaicts ia soulez de la terre, est au ciel; Philosophes, ausquels l'vnité est toute en tout, & la totalité vne en l'vnité ; lesquels ne regardent iamais les choses terrestres que de l'œil gauche, ny les celestes que du dextre : l'esprit d'iceux (dis-ie) a tousiours esté respectueux touchant les choses celestes; car ayant laissé le malheureux monde par leurs tranquilles & religieuses meditations, & excitez par la faueur diuine de leurs sepulchres, ils ont peu ouurir les lumieres du corps par la separation de l'entendement d'auec les obstacles terrestres, s'acheminer au sabbat du cœur, c'est à dire, à Dieu, & voir tou-

Tout ce qui n'est point Dieu n'est riē, & doit estre estimé comme rien.

res choses par vn simple & interne regard, & par vn certain pacte auec la diuinité, & contempler en la lumiere de Dieu comme au miroir de l'eternité, la beauté du souuerain bien, incomprehensible à toute sorte de creatures: Car nostre cœur est inquiet, iusques à ce qu'ayant laissé ce rien derrier le dos, nous retournions à cet Estre des estres, (duquel nous sommes sortis) comme à nostre but prefix, auquel tendent toutes les creatures: c'est pourquoy despoüillez de toutes les creatures ils se laissent, & sortent totalement d'eux-mesmes, mesprisant tout ce qui est corporel, & incorporel; & courent de l'imperfection à l'vnique perfection, la cognoissance & contemplation de laquelle est le sacré & occulte silence; (ce qu'a fort-bien recogneu ce grand & venerable Hermes, vray prototype de tous les Philosophes naturels, & premier Prophete de son temps) repos des sens, & de toutes choses, auquel apres la fin de nos miseres, trauaux, & peregrinations, par vne mesme amitié, tous les esprits reduicts en vn, qui est sur tous les esprits, ils s'vnissent en telle façon, que de tous ils ne sont par apres qu'vn. La proche vision, & cognoissance intuitiue de Dieu, laquelle arriue encore en ce monde à l'ame separée, par la lumiere de grace, pourueu qu'on se vueille rendre tout à faict subiect à Dieu: en cette façon plusieurs saincts personnages ont gousté le commencement de la resurrection, & senty les ioyes celestes en cette vie par la vertu de l'esprit Deïfique, sçauoir, en cette mort spirituelle des Saincts (que

Lactance ne met pas tāt ce grand Hermes entre les Philosophes qu'entre les Sybilles, & les Prophetes, & l'appelle vray Orphée.

Toutes choses sont veuës par vn seul regard presentiel.

Exod. 33. Es. 6. 2. Corinth. 11. Pseau. 115. sect. 15.

les Hebrieux appellent baiser de la mort) precieuse en la presence de Dieu ; ie dis, mort, s'il faut appeller mort vne plenitude de vie : il faut neantmoins mourir au monde, à la chair, au sang, & à tout l'homme animal, pour auoir l'entrée de ces cabinets secrets, & du Paradis. Et de faict, l'homme qui vit seulement selon l'ame, vit en Ange, & deuient Ange en quelque façon, & (s'il est permis de dire) il conçoit en quelque façon Dieu, qui est le but auquel tendent les bien-aimez Saincts, & intimes amis de Dieu, viuans selon l'inspiration du Ciel, & non pas selon le limon de la terre, qui n'ont point de crainte de se precipiter de l'amour de Dieu à la fontaine de l'abysme, & dans la mer de leur rien, entrans dans le Sanctuaire par la vie de Iesus Christ, à fin qu'au grand iour du sabbat ils puissent viure en repos, & beatitude auec Dieu, se rassasians eternellement du nectar celeste : car par le moyen de l'ame conioincte auec Dieu par Iesus Christ, nous iouissons actuellement de l'eternelle felicité.

L'extension de la vie est possible : c'est pourquoy Porta rejette l'opiniõ des Genethliaques, lesquels donnent vn temps prefix à la vie.

Mais combien que les paroles que nous auons desia dict touchant la prolongation de la vie, soyent estimées vaines, & procedantes d'vn homme vain; toutesfois il ne repugne ny à la nature, ny à la raison, que l'homme ne puisse allonger sa vie, outre l'aage commun des autres, & iusques à vn grand temps, en voicy deux raisons : La premiere est, parce qu'il n'y a point de terme certain aux choses naturelles, qui du moins soit constitué, & qui nous determine le iour prefix de la mort : car il est en nostre volonté

Il asseure que celuy qui se prend garde aux maladies, euitant ce qui est nuisible,

lonté de nous faire mourir, quand nous voudrons, & sans offencer Dieu, de prolonger nostre vie, si nous pouuons, ou sçauons. Ie parle icy philosophiquement de la mort naturelle (laquelle est seulement la consomption de l'humide, & chaleur naturelle; ce qui est clair, & facile en vne lampe allumée) & non theologiquement de la mort fatale, & dernier terme prefix de Dieu à vn chacun, auquel nous sommes astraints, non seulement par la debte de la Nature, ains encore pour la peine du peché. La mort est le terme qui ne se peut, & non pas le iour, ou l'heure, parce que nous viuons de la grace de Dieu, le terme sans heure: car comme Dieu a nombré nos cheueux, de mesme a-il supputé nos années, les laissant toutesfois en nostre puissance. Et parce qu'il a esté du plaisir de Dieu, que l'homme vesquist eternellement, on peut librement colliger, qu'il n'est pas desplaisant à cause de l'augmentation du monde par vn legitime mariage, que les hommes viuent long temps en ce monde, pourueu que ce soit tousiours en son seruice, & crainte; toutesfois on ne peut iamais passer au delà du terme predestiné de la volonté diuine, ou au dernier poinct deputé, & imposé à nos premiers parens, à cause du peché originel: & comme l'homme constitué en beaucoup de façons, & agité de maladies, ne pouuant pas atteindre le terme de vie, il abbrege ses iours; de mesme façon, ostant ces empeschemens, il pourra allonger sa vie, & paruenir par mesme moyen au terme naturel qui luy aura esté constitué du

peut viure plus long temps.

Paracel. ch. 7. au Labyrinthe des Medecins.

Voy Parac. de vita longa.

Voy Parac. liu. 8. Archid. des elixirs.

C'est la conseruation du corps humain, contre toute corruption accidentelle.

La mort ministre de Dieu, attend nostre guerre intestine.

Il y a deux sorte de mort, sçauoir, la mort spirituelle, appellée Iliade, & la corporelle, appellée la mort de l'Estre.

L'ame de perpetuité, ou esprit perpetuel de lumiere, conioinct auec la lumiere naturelle, ne permet pas l'abreuiation de ceste conionction, ny de la vie.

Ciel. La seconde raison est, que Dieu a creé la susdicte medecine pour la conseruation de la vie, c'est à dire, à fin que par son moyen nostre corps soit conserué tant de la corruption de nos parens, que du propre defaut de nostre regime; & estant malade, guery, & restauré, estant ia hors d'esperance: voire chasser loing de nous toutes les maladies qui causent la mort naturelle, iusques à ce que la derniere mort, plus terrible que le terrible mesme, arriue, laquelle est la destruction de la mumie ordonnée du Createur comme pour salaire des pechez. C'est pourquoy Paracelse dit que la mort causée par resolution iliade se peut empescher, pourueu que le Medecin n'espargne pas son industrie; mais celle qui est causée de l'estre, ne se peut aucunement. Mais ne plus ne moins que nous pouuons conseruer vn feu par le moyen du bois, de mesme aussi nostre vie se peut conseruer, se seruant des remedes, & secrets tirez de la fonteine des dons de Dieu, par lesquels l'humide radical, & la chaleur naturelle, sont conseruez ne plus ne moins que le feu par le bois. Mais nous auons du moins ce defaut, c'est que denuez nous ne cognoissons pas le bois de la sapience, par lequel il faudroit fomenter, & prolonger nostre vie: Nostre premier pere Adam plein de science, & parfaicte cognoissance des choses naturelles, & plusieurs de son temps, qui viuoyent beaucoup plus que nous, n'ont pas attaint leur aage naturellement, ou par la proprieté du temps, car cela estant, tous les hommes en fussent esté de mesme, ains auec l'aide & assistance des

des secrets, par vne science reuelée à bien peu de personnes, & acquise par vne speciale cognoissance diuine. Auant le deluge se treuuoyent beaucoup de saincts personnages, qui auoyent l'vsage de la medecine vniuerselle, qu'Adam, & sa famille auoit : dequoy ie prens Lactance à tesmoin, laquelle conforte le baume interne.& à la façon du feu congrege les homogenées,& separe les heterogenées. Il ne faut pas s'arrester au iugement de ceux-là, lesquels ignorant les mysteres de l'element aquatique, disent que le deluge laua, & leua la force des croissans,& des fruicts;ou que le mesme cataclysme despoüilla les corps humains de leur force:car tous les vegetans,& croissans qui germent par le benefice de l'eau, ont encore la mesme vertu & efficace qu'ils auoyent au temps d'Adam. Donques nous n'auons plus besoin que de la cognoissance & vsage des secrets: donc le deluge n'a pas laué les vertus des croissans, ains nous a osté la science pour les cognoistre : ces secrets des secrets ont tousiours esté cachez aux Philosophes vulgaires, & principalement depuis que les hommes commencerent à abuser de la science, se seruans malicieusement de ce que Dieu auoit creé pour le bien & soulagement des hommes. Mais tout ainsi comme bien peu paruiennent au terme naturel de la vie, de mesme aussi y en a-il peu qui sçachent le moyen de la prolonger,dequoy il y a plusieurs causes : car la vie est terminée en deux façons,sçauoir,par l'entendement,d'où s'ensuyuent les maladies mentales, ou maladies

Paracel.

Lors que les hommes se multiplioient au monde, les plus sages,qui se reseruarent la sapience demeurarent au centre : & les autres, qui s'en treuuarẽt destituez, furent chassez à la circõferẽce.

L'esprit & le corps nous abregẽt la vie, encore que

l'on dit que l'acte de l'imagination est immanent, & qu'vn corps ne peut pas estre alteré par l'imagination d'vn autre.

d'esprit, lesquelles sont inuisibles, & nous tourmentent l'esprit, comme sont, incantation, imagination, estimation, influence, & superstition; toutes lesquelles procedent d'vne affection spirituelle. Or il ne se treuue aucune medecine corporelle, laquelle soit propre à ces maladies-là : il faut donc se seruir de la foy, ou de quelque autre moyen magique, à fin de chasser ces fascinations, ou maladies causées par enchantement : & quoy que la cure en soit difficile, toutesfois elle est possible ; outre plus, ces maladies cogneuës tant seulement aux parfaicts Medecins, sont gueries hors de l'appuy de la medecine ordinaire : car il y a quelque vertu cachée dans l'esprit de l'homme, laquelle peut changer, attirer, & lier, principalement si par vn excés d'imagination, d'esprit, & de volonté, elle est bandée à ce qu'elle veut attirer, changer, lier, ou empescher. Ceux-là qui sçauent les operations antipathiques de l'Aimant ne s'estonnent pas de cela, d'autant qu'il est doüé de vertus admirables, lesquelles executent leur fascination spirituellement, & inuisiblement. Mais à fin que nostre esprit ne soit suffoqué par ces cinq susdictes maladies surnaturelles, & que la mort ne s'en ensuyue, il se faut seruir des remedes surnaturels, & magiques, au delà toutesfois d'aucune prophanation du nom de Dieu: car l'astre maling desdictes maladies se destourne en quelque autre chose ; & par ainsi les maladies procedantes de l'esprit demandent vne cure spirituelle. Si tu en veux voir d'aduantage, lis Paracelse *in Philosophia sagaci*. Mais depuis que

que les mains toutes-puissantes de Dieu sont le vray preseruatif contre toute sorte de maladies, la pieté doit estre la medecine, l'empeschement, & la conseruation contre semblables maladies. Nous auons cy dessus dict que la vie est abbregee par le moyen de l'esprit, il faut donc maintenant qu'elle soit abbregée par l'estre, ou par les maladies entales, ou corporelles : car beaucoup viuent tant seulement pour manger, & preferent l'abondance voluptueuse à la necessité naturelle, laquelle se contente de peu. Ceux-là coupent le filet de leur vie par leurs yurongneries, au bout desquelles ils treuuent la mort; quant à ceux qui se contentent de peu, asseurement ils prolongent leur vie, car le plus asseuré remede pour prolonger ses iours c'est vn bon regime ou vne diete moderée, & celle-cy est la cure qu'il faut choisir pour les maladies naturelles des membres, causées de l'Estre, ou des causes & moyens naturels, car quelle maladie que ce soit demande sa propre guerison & reiette toutes les autres, doncques les medicamens corporels ne peuuent pas mieux agir aux maladies mentales ou surnaturelles, que les medicaments spirituels aux maladies corporelles : il ne faut encore oublier ce poinct icy lequel souuent nous empesche de paruenir au terme naturel, qui est la corruption que souuent nous arriue dans le ventre maternel, ou à l'enfantement, ou enfin en l'education. Theophraste en parle fort en ses liures. Mais afin que nous ne nous esgarions trop de nostre dessein i'arresteray icy ma plume me contentant de te dire que

2. des Rois 4. Sirac. 37. sect. 34. chap. 31. sect. 22. 23. 24.

tout ce que i'ay peu apprendre par mon estude, veilles, trauaux, & voyages, qui puisse illustrer la Medecine & Philosophie, ou manifester la lumiere de grace, & de la nature (quoy que les mysteres diuins soient tels qu'ils ne puissent estre illustrez par les parolles des hommes) ie l'ay mis en ceste longue preface admonitoire cherchant leur lieu propre autant qu'il m'a esté possible, ie l'ay communiqué aux enfans de la doctrine, heretiers de la sapience, du plus profond de mon cœur; asseuré qu'ils le liront apres auoir laué les mains du corps & de l'ame, sans aucune superfluité ou diminution de la lumiere diuine: & de faict ce n'est pas asses de sçauoir ce que tu sçais, car il le faut communiquer & rendre public par le moyen de tes escrits, afin qu'il puisse donner ses fruicts à l'vtilité & profit de tout le monde: toutesfois prens garde que tu ne le faces pour iactance, ou vaine gloire, mais aye tousiours deuant les yeux l'honneur & gloire de Dieu. Ie l'ay encore mis au iour, tant parce que ie voyois qu'auiourdhuy on ne faict estat d'enseigner parmy les escolles que pour faire ostentation de leur science, & non pas pour faire profiter les estudiãts, qu'afin que ceux qui ne sõt pas desireux d'apprẽdre & profiter, puissent iouyr de la mesme felicité qui moyennant la grace de Dieu m'est arriuée en deux tres-illustres & honnorables familles, chez lesquelles i'ay estudié plus de dix ans durant, sçauoir en France auec la famille DESNÉE, & auec celle de BAPPENHEIMIVS, Mareschal de l'Empire: & lors que i'instituois la courageuse & gene

Lis & relis, & reitere la lecture. & i'espere que tu ne te repentiras iamais de ton labeur.

L'vtilité propre ne doit pas estre preferée à toute la Republique.

L'escolle de Medecine n'est pas couuerte de tuilles, mais du firmamét: c'est pourquoy il faut fueilleter le liure de la Nature auec les pieds, c'est à dire, en courant le païs, cóme conseille Paracelse.

genereuse ieunesse, qui auoit esté remise à ma foy & diligence; il arriua que ie fus espoinçonné du desir de voir le liure de la nature les fueillets duquel sont toutes les regions du monde, & de faict ie commençay de me mettre en voyage dessors que le tres-Illustre & Genereux Maximilian Mareschal estoit en peine de la santé de Conradus son pere vray protecteur de la foy & vertu ancienne. Mais comme la fortune ne rit pas tousiours aux gens d'estude, ie n'eusse iamais eu l'entrée de ces deux maisós ne fust la faueur du tres-illustre amateur des muses, tres-digne prince *Christin Anhaltinus*, &c. Lequel pour l'amour & singuliere affection & reuerence qu'il pourtoit aux Muses, me releua des frais que ie pouuois faire en la preparation medecinale, que ie deuois experimenter au fourneau de Vulcan. Sa tres-illustre grandeur a par ce moyen merité vne gloire & renom immortel, parmy tous les Spagyriques en quel pays qu'ils soiét. D'aduantage quant à ce qui est de la disposition des medicaments (parce que chascun est maistre de ses volontez) il m'a semblé bon d'instituer le susdit ordre & disposition contenu en ceste preface. Car cela n'empesche pas que chascun ny puisse faire d'autres experiences selon sa volonté & bon plaisir les augmentant & diminuant pour leur vsage comme il leur plairra: & par ainsi ie ne seray point en doubte que cette moisson chymique & premier fruict de mon labeur, ou present Spagyrique tres-difficile neantmoins & qui demande vne fort assiduelle diligence, ne soit aggreable à ceux qui sont doüés d'vne doctrine autant pieuse que sublime (ne pouuant laisser rien de plus excellent à toute la patrie & republique Spagyrique) d'ailleurs i'estime que ceux qui ont des-ja consommé leur ieunesse, auec vn trauail incroyable à la poursuite de cette science en receuront autant de contentement que ceux qui nourris dans l'escolle Spagyrique, & hermetique de Vulcan, se sont rendus doctes par l'obseruation qu'ils ont faicte des canons ordinaires des Medecins, tant pour les causes des maladies, que pour la methode de les curer: ie ne me veux icy arrester aux chiens, & pourceaux destituez de toute grace & vertu, moins encore au escarabots lesquels ie laisse dans le plaisir de la fiente, toutesfois ie n'ay pas peu mettre le tout icy de peur de me rendre trop prolixe: il ne faut pas neantmoins s'estonner, si i'ay encor laissé quelques doubtes à expliquer, parce qu'il est necessaire que ceux qui ne sçauent pas beaucoup soient confits en doubtes de plusieurs choses. C'est pourquoy les loix Philosophiques ordõnent de laisser quelques facheux doubtes, à ceux qui cõmencẽt de vouloir gouster la saueur des fruicts de la sciẽce: parce que les esprits s'espreuuent en cette façon la, & se rendent propres pour les escolles Philosophiques: qui les pourra prendre qu'il les prenne, au contraire celuy qui ne les pourra comprendre qu'il les apreuue, ou qu'il ferme la bouche & se taise: ce neantmoins le sage nourrisson de l'ancienne, premiere, & sacrée Philosophie, qui a presté ses oreilles auec la crainte de Dieu, ayant quité sa propre fantasie, & mis sa raison en bonne dispo-sition

Nous n'auons pas tant dict, que nous n'en ayons laissé d'aduantage à dire.

Ces choses sont escriptes pour ceux qui ont vn esprit subtil & heureux possedant vne ame illustrée du sel de la sapience.

sition pourueu qu'il soit doüé d'vn assez bon esprit, de peu de choses, retirera la signification, la signification d'vn nombre presque infiny moyennant toutesfois l'assistance diuine : outre ce celuy qui amateur de la verité ayant abandonné toute enuie, lira & examinera cecy auec vn esprit candide & espuré, apres l'ouuerture des portes des cabinets, de l'vne & l'autre lumiere, confessera naifuement qu'il aura comprins le tout par son trauail & par ses oraisons, d'où il retirera encore des fruicts nompareils correspondans à son attente: mais si par vn contraire sort se récontrent quelques personnes de diuerse opinion, chagrins, ignorants de la verité, parsencez (comme l'on dit,) lesquels par la temerité de leur ignorance imputent à iniure le benefice que ie leur ay rédu; estimant cet ouurage que i'ay plustost apprins de Dieu que des hommes, comme rien & n'en tenant compte comme s'il n'estoit au profit & vtilité du prochain : ie desire que tels superbes & temeraires censeurs, auec leur preuue & addition de meslanges puissent ressembler la cornelle d'Esope: parce qu'il ny a pas moins de peine que d'artifice, de separer le grain de la paille, ou le vray du faux. Doncques ils ne doiuent pas piquer iniustement les sueurs d'autruy, ny l'axacte diligence qu'ils ont employé pour rendre l'experience indubitable : ceux qui ont sué en pareil cas, en pourront tesmoigner: que ceux-la dis-ie ne donnent pas à cognoistre leur malice à la posterité, qu'ils tiennent cachée, ~~leur~~ inhumanité detestable, de peur de la publier par tout le monde, & s'estant

A bon entendeur faut peu de parolles.

s'estant faict bannir de la compagnie des hommes, s'attribuer le nom d'ennemy du genre humain, ou d'aduersaire du salut public: toutesfois il ne faut pour cela que les amateurs de la verité, lesquels receuront de bon cœur ce nostre labeur, perdent courage: Non, non, il leur est permis de mettre en lumiere les obseruations qu'ils auront faictes; ils le doiuent aussi, de peur que la malediction du figuier ne leur arriue: qu'ils tirent courageusement hors du muy la lumiere ja allumée, & ayant quitté l'oisiueté des registres ou questions, & disputes inutilles des escolles (car elles n'appartiennent seulement qu'aux Philosophes querelleux, l'intention desquels n'est pas de treuuer la verité, ains se contentent de l'embroüiller, estant aussi prests de deffendre que d'agiter quelle chose que ce soit) à mon exemple mettent au iour des secrets encore meilleurs que ceux-cy, comme appartenant aux bons & synceres citoyens de la Republique Spagyrique (parce qu'il est certain que la Medecine n'a pas encore atteint son terme de perfection, & qu'il reste encore beaucoup de choses à manifester pour les siecles aduenir) & en fin, qu'ils donnent secours au pauure Lazare, & à la Samariteine, non pas en parolles, ains reellement & par effect. Que s'ils font celà, ayant quitté les signatures de la maudite paresse, ie leur souhaite vne bonne Metamorphose, sçauoir que de braillants bourdons, ils puissent estre changez en fertilles abeilles, afin qu'ils puissent par apres en bonne paix, & concorde souffler auec nous autres le miel Spagyrique: & deffendre

Matth. 21. sect. 19.

Car qui est celuy qui peut voir la fin de la Medecine?

dre l'excellence de la Chymie, de la langue des Calomniateurs, s'efforçant par leur trauail, & sans aucune enuie, de rendre meilleure en effect cette nostre œuure. Cela estãt ie ne fay point de doubte que cette ancienne & vraye Medecine Philosophique (cachée chez les autres sciences occultes, à cause de son ancienneté ou à cause de l'iniure de nostre siecle) ne soit bien tost remise en sa pristine vigueur au profit & vtilité de tout le genre humain, & à l'honneur de Dieu & des Medecins Spagyriques, desquels cette mer immense de la Misericorde diuine, s'est voulu seruir comme de pleume ou cause seconde, pour la perfection d'vn si salutaire effect: Ie prie la tres-saincte Trinité de nous octroyer cette faueur, afin que à tout temps & à iamais nous puissions louër son tres-sainct nom. Amen.

www.ingramcontent.com/pod-product-compliance
Ingram Content Group UK Ltd.
Pitfield, Milton Keynes, MK11 3LW, UK
UKHW021130220726
13924UKWH00004B/2000